海南师范大学学术著作出版项目资助

Study on the Ecological
Geochemistry of Heavy Metals
and Health of People

李 勇◎著

重金属的
生态地球化学与人群健康研究

Tl

Hg

Cd

Cu

Zn

Cr

As

Pb

Ni

中山大学出版社
SUN YAT-SEN UNIVERSITY PRESS

· 广州 ·

图书在版编目（CIP）数据

重金属的生态地球化学与人群健康研究/李勇著.—广州：中山大学出版社，2014.11

ISBN 978－7－306－04967－4

Ⅰ.①重…　Ⅱ.①李…　Ⅲ.①重金属污染—地球化学—研究　②重金属污染—影响—健康—研究　Ⅳ.①X5

中国版本图书馆 CIP 数据核字（2014）第 164685 号

出　版　人：徐　劲
策划编辑：廖丽玲
责任编辑：廖丽玲
封面设计：林绵华
责任校对：黄浩佳
责任技编：何雅涛
出版发行：中山大学出版社
电　　话：编辑部 020－84110283，84111996，84111997，84113349
　　　　　发行部 020－84111998，84111981，84111160
地　　址：广州市新港西路 135 号
邮　　编：510275　传真：020－84036565
网　　址：http：//www.zsup.com.cn　E－mail：zdcbs@mail.sysu.edu.cn
印　刷　者：虎彩印艺股份有限公司
规　　格：787mm×1092mm　1/16　12.25 印张　267 千字
版次印次：2014 年 11 月第 1 版　2014 年 11 月第 1 次印刷
定　　价：35.00 元

序

环境问题是一个全球性问题，是社会经济发展过程中不可承受之痛。发达国家在发展过程中，在创造灿烂的工业文明的同时，大多经历了"先污染，后治理"的发展路子，并为之付出了沉重代价。处在 21 世纪之初的中国，深刻认识到发达国家发展路子的弊病，为避免走"先污染，后治理"或"边污染，边治理"的发展老路子，提出了牢固树立尊重自然、顺应自然、保护自然的理念，坚持绿水青山就是金山银山，加快推进生态文明建设，加快形成人与自然和谐发展的现代化建设新格局。

在大气污染、水污染加剧的同时，我国一些地区土壤存在不同程度的重金属污染。重金属作为重要的环境污染物，通过食物链等途径进入人体，对人群产生严重的健康效应。例如，"痛痛病"就是人类食用含 Cd 的大米，Cd 在人体内把骨骼中的 Ca 置换导致的骨头病；"水俣病"是因人类饮用被甲基汞污染的水体或食用含甲基汞的鱼虾，甲基汞被人体肠胃吸收，造成生物累积，侵害脑部和身体其他部分而引起的有机汞中毒。2011 年，国务院批复了《重金属污染综合防治"十二五"规划》，将重金属污染综合防治上升到了国家层面。

本书分为两部分，第一部分是理论部分，系统介绍了重金属的生态地球化学行为，即重金属在土壤、水、植物和大气等环境介质中的来源、分布、存在形态、迁移转化方式、生态效应和重金属的健康风险评价理论基础和评价模型。第二部分是实践部分，以全国原发性肝癌的高发区之一——佛山市顺德区和珠江三角洲地区为研究区域，探讨顺德肝癌高发区蔬菜土壤重金属的来源，深入分析肝癌高发区蔬菜土壤中 Ni、Cr 的空间热点，通过建立土壤—蔬菜重金属的含量关系模型，预测土壤重金属含量和蔬菜重金属含量，进行风险评价，探讨了肝癌高发区人发重金属的来源，分析了人发含量的影响因子。在珠江三角洲地区，通过构建土壤重金属预测预警模型，探讨基于通量模型和"时空模型"的预测预警方法，从而为土壤重金属生态地球化学管理手段提供理论依据和实践样本。本书是作者近年来对重金属生态地球化学研究成果的总结，初步构建了重金属生态地球化学的研究框架，并对珠江三角洲地区环境重金属的研究进行有益尝试，为原发性肝癌的环境致病因子的进一步研究探索了研究方向。

　　本书的研究方法和研究内容不仅对珠江三角洲地区环境重金属的防治工作具有积极意义，同时也为其他地区环境重金属污染防治工作提供了有益的参考和借鉴。

　　是为序。

海南省生态环境保护厅厅长

前　言

重金属的生态地球化学主要研究重金属在土壤、水、植物和大气等环境介质中的来源、分布、存在形态、迁移转化方式以及生态效应等。重金属通过生态地球化学行为进入人类食物链被人体吸收或者直接进入人体，当超过一定的含量时就会对人体健康产生影响。

经分析流行病学数据发现，佛山顺德区是全国原发性肝癌的高发区之一。为了研究顺德区原发性肝癌的环境致病因子和珠江三角洲环境预测预警机制，笔者在攻读研究生学位期间，作为技术骨干从事"珠江三角洲肝癌—鼻咽癌高发区生态地球化学环境与人群健康调查研究"和"珠江三角洲经济区农业地质与生态地球化学环境预警预测"等课题研究。本书主要是通过梳理笔者在学习和工作期间已发表研究成果，探讨重金属的生态地球化学与人群健康的关系，以及建立土壤环境预测预警模型。

本书共分 10 章，第 1 章介绍了生态地球化学领域的核心概念，以及当前的研究进展；第 2 章介绍了重金属在环境介质中的生态地球化学行为，以及其暴露途径；第 3 章介绍了重金属的健康风险评价理论基础和评价模型，重点介绍了 Hg、Cd、As、Cu、Zn、Ni、Cr、Se、Sb、Sn、Tl 等重金属对人体的健康效应；第 4 章介绍了土壤重金属来源途径及解析方法，探讨了顺德肝癌高发区蔬菜土壤重金属的来源；第 5 章介绍了土壤重金属空间分布模型，深入分析了肝癌高发区蔬菜土壤中 Ni、Cr 的空间热点；第 6 章阐述了土壤重金属缓变型地球化学灾害特征识别；第 7 章介绍了土壤重金属预测预警模型，探讨了基于通量模型和"时空模型"的预测预警；第 8 章在土壤—蔬菜重金属含量关系模型的基础上，通过预测土壤重金属含量从而推算出蔬菜重金属含量；第 9 章介绍了土壤重金属生态地球化学评价方法和管理手段，探讨了土壤和蔬菜重金属的风险评价；第 10 章探讨了肝癌高发区人发重金属的来源，分析了人发中重金属含量的影响因子。

写作过程中，周永章教授对全书提出了宝贵意见。研究过程中，预测预警数据得到中国地质科学院物化探研究所周国华研究员和广东省地质调查院的大力支持。出版过程中，得到了中山大学出版社廖丽玲老师的帮助。在此一并表示衷心的感谢。同时，感谢海南师范大学博士科研启动资助项目的支持，感谢本书中引用文献的作者。除了书后列出的参考文献外，还有一些可能没有列入，请原作者原谅。

限于本人的学术水平，本书难免存在不足和欠妥之处，诚恳欢迎各位同仁批评赐教。

李　勇

2014 年 8 月 6 日

目　录

第一章 绪 论

重金属的生态地球化学行为包括了重金属在环境介质中的来源、空间行为、赋存状态、迁移、转化规律，及其产生的生态效应、健康效应等。本章主要介绍生态地球化学和人群健康研究领域主要的核心概念，以及对其研究内容和研究方法的进展情况进行评述。

第一节 核心概念

一、重金属

重金属一般指密度大于 4.5 g/cm^3 的金属，如铅（Pb）、砷（As）、镉（Cd）、铬（Cr）、汞（Hg）、铜（Cu）、金（Au）、银（Ag）等。有些重金属通过食物进入人体，干扰人体正常生理功能，危害人体健康，被称为有毒重金属。这类金属元素主要有 Pb、Cd、Cr、Hg、As 等。USEPA（美国国家环境保护局）列出 13 种要特别注意的有毒重金属，即 Hg、Cd、As、Cr、Cu、Pb、Zn、Ni、Tl、Sb、Se、Ag、Be。上述有毒重金属中，任何一种都能引起人的头痛、头晕、失眠、健忘、神经错乱、关节疼痛、结石等，还有可能导致人体患上癌症，如肝癌、胃癌、肠癌、膀胱癌、乳腺癌、前列腺癌等。

我国制定的有关环境标准和规定对重金属的含量有明确规定，如《我国无公害蔬菜上的卫生指标规定》《地表水环境质量标准基本项目标准限值》《土壤环境质量标准》《环境空气质量标准》等。

二、生态地球化学

生态地球化学是生态学与地球化学结合的产物，它以元素（及其化合物）在生物—地质复合系统中的循环为基础，以地球化学及其与环境、生物等交叉的边缘学科的方法原理为依托，以元素对人的影响为核心，研究元素在系统中的分布分配、迁移转化规律，评价其生态效应。它也是从全国多目标区域地球化学调查和应用实践中产生的科学理论，是一项以多目标区域地球化学调查为基础，以生态地球化学评价、生态地球化学评估、生态地球化学预警和生态地球化学修复为主体的系统工程。它以元素地球化学循环原理为基本理论，以土壤圈为核心评价地球系统的技术路线。

较"生态地球化学"一词早 60 多年，由苏联科学家提出了"生物地球化学"的概念。生物地球化学研究包含了自然界中化学、物理、地质和生物等多个过程及其相互作用的研究，这些过程和相互作用控制了自然环境（包括岩石圈、生物圈、水圈和大气圈）的发展方向、过程和结果。概括地说，生物地球化学关注不同圈层的化学物质循环及其与生物的相互作用，相对于生态地球化学来说，是针对"过程"开展研究的一门科学。生物地球化学是生态地球化学的研究途径之一，或者说生物地球化学为地球化学的生态效应评价提供了有效手段。生物地球化学是生态系统形成、发展、演化的驱动力之一，是"因"之一；生态地球化学是生物地球化学、元素地球化学、环境地球化学、土壤地球化学等一系列地球化学过程所产生的生态学状态，是"果"。生态地球化学以生态系统为研究对象，在城市、山地、湿地生态系统等不同研究对象基础上，发展了城市生态地球化学、山地生态地球化学和湿地生态地球化学。

1. 城市生态地球化学

城市生态地球化学是研究城市生态系统各要素中元素或化合物的组成特征、来源、含量、形态、迁移转化规律及其对人类和其他生命体的生态（环境）效应的科学。城市生态地球化学评价的对象主要是城市生态环境中的元素和化学物质，其目的主要是评价元素和化学物质在城市环境中的动态平衡状态，阐明元素或化学物质对城市生态环境影响的性质、程度和后果（功能变化），达到保持生态环境平衡和可持续发展的要求。

2. 山地生态地球化学

山地生态地球化学作为一门新学科的兴起具有重大意义，涵盖了山地生态学和地球化学等学科，它以生态学和地球化学的方法原理为依托，以研究山地系统中元素及其化合物的分布、迁移转化规律为核心，以探索山地生态环境的演替趋势为目的，建立评价山地生态环境在自然和人为影响下的生态效应标准。山地往往具有较大的海拔梯度，气象、水文、生态指数在较短的水平距离内产生较大的改变，一些海拔较高的山体甚至表现出从热带到寒带的所有气候、水文和生态特征，山地系统中生物多样性高，气候、水文和生态序列完整，因此山地生态地球化学的发展、演化具有其独特性、多样性和复杂性。

3. 湿地生态地球化学

湿地系统包括低潮时水深不超过 6 m 的水域，也可包括邻接湿地的河湖沿岸、沿海区域以及湿地范围的岛屿或低潮时水深超过 6 m 的水域。湿地生态地球化学研究湿地生态系统物理、化学与生物过程、动态和机理、过程之间和过程与功能之间的关系。

三、生态地球化学评价

生态地球化学评价的理论基础是元素地球化学循环原理。元素地球化学全球性循环、区域性循环和局部性循环，分别具有不同规模、特征、功能及其生态效应。相应形成全球生态地球化学评价，研究整个生物圈地球化学循环及其生态效应，属于全球生态学研究范畴；区域生态地球化学评价，研究大流域、大地域地球化学循环及其生态效应，属于区域生态学研究范畴；局部生态地球化学评价，研究生物个体和种群层面地球化学循环及其生态效应，属于局部生态学研究范畴。区域生态地球化学评价是针对流域或区带（面积范围为 $n \times 10^2$ km^2 ～ $n \times 10^6$ km^2）内元素和化合物分布特征，通过对元素及化合物的来源示踪及迁移途径研究，评价它们对生态系统及各组成要素的影响，预测其未来变化趋势。

四、生态地球化学预测预警

生态地球化学预测预警是指利用生态地球化学的理论与方法，预测地球化学环境的变化趋势及其生态环境效应，对可能引发的生态安全问题提出警示。而区域生态地球化学预警（early warning of regional ecological geochemistry）则是指通过采集和分析生态系统中物质迁移、转化的各种参数，对生态系统中物质时空演变的未来趋势及其生态效应的预测、预报。

生态地球化学预测预警是建立在对生态系统现实安全性和地球化学影响因素研究与评价的基础上，通过建立影响要素演化趋势的预测模型，并根据人类可持续发展对生态环境的要求，对危险程度提出警示，并重点强调要素指标的演化趋势和速度产生的影响及后果。

五、缓变型地球化学灾害

缓变型地球化学灾害是通过长期积累而存在于土壤或沉积物中的包括重金属和有机污染物在内的环境污染物，因环境物理化学条件（例如温度、pH 值、湿度、有机质含量等）的改变减小了环境容量，某种或某些形态的污染物大量地被重新活化和突然释放出来并造成严重生态和环境损害的灾害现象。这种灾害具有明显的特征，其定量数学模型可较完整地概括出环境系统从"干净"到"污染"再到"灾害"的整个过程，可以用于灾害的风险概率评估、预测、灾害爆发轨迹等方面的研究，为土壤污染防治和灾害预警提供了定量研究工具和可供实际采用的基本手段，对当前国土资源调查中的"生态环境地球化学评价"具有重要的借鉴意义。

典型缓变型地球化学灾害的演化过程是具有多重套合结构特性的非线性过程，可以划分为 3 个演化阶段，每个阶段之间各内蕴一个具有特定数学特征的临界点。如图 1 - 1 所示，横坐标表示环境系统的污染物可释放总量（total releasable content of the pollutant）TRCP（C），纵坐标表示环境系统中的活动性污染物总浓度（total concentration of active specie）TCAS（Q），两条虚线分别表示一阶导数和二阶导数的图形。随着 TRCP 的增长，TCAS 的增长趋势发生变化，当 TRCP 的增量为 ΔC 时，TCAS 增长了 ΔQ_1，随着污染物浓度的累积，同样的 ΔC 的增长，TCAS 增长了 ΔQ_2，$\Delta Q_2 \gg \Delta Q_1$，即 TCAS 与 TRCP 的关系是非线性的，可以用多项式表示如下：

$$Q = a_0 + a_1 C + a_2 C^2 + a_3 C^3 + \cdots + a_n C^n \qquad (1-1)$$

在一个演化周期内，该多项式的最高次数一般为 3。式中一阶导数、二阶导数为零处分别代表缓变型地球化学灾害爆发的临界点、爆发点。具有特定数学特征的临界点包括：

爆发临界点 A，当 $Q' = Q'' = 0$ 时，曲线左侧向下凹，右侧向上凸；

爆发点 B，$Q' = \max$、$Q'' = 0$ 时，曲线向上凸；

积累临界点 Z，$Q'' = \min$ 时，曲线左侧向上凸，右侧向下凹。

六、地方病

地方病亦称生物地球化学性疾病，系指在自然环境中由于地壳元素分配的不均匀、个别微量元素的含量超过或低于一般含量而直接或间接地引起生物体内微量元素平衡严重失调时产生的特殊性疾病。它有以下三个特征：一是发生在某一

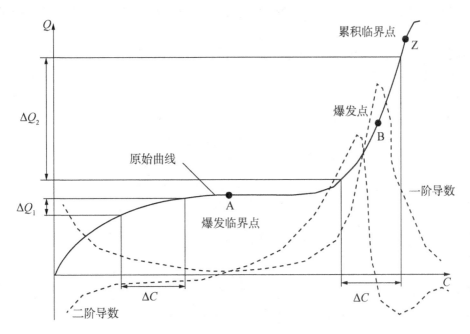

图 1-1 污染物缓变型地球化学灾害数学模型

特定地区，同一定的自然环境有密切的关系；二是通常由微量元素失衡引起并在一定地域内流行，年代比较久远；三是有相当数量的患者表现出共同的甚至奇异的病症。

由于地表化学元素迁移的强度和速率因地而异，生命元素在地表的分布是不均匀的。生物地球化学营养链中的化学元素含量异常会引起生物地球化学地方病，然而生物地球化学地方病的地理流行是受许多因素影响的。致病元素的异常程度与生物地球化学地方病患病率的关系是一种概率统计关系。一些生命元素（如碘、氟、硒、铜等）缺乏或过剩的程度愈严重，生物群体中代谢障碍的个体数目愈多，患病率愈高。从跨自然地带和自然地区的大面积的统计数据可以看出，生命元素的异常程度与生物地球化学地方病患病率的相关关系服从生物最适浓度定律和地球化学生态学定律。

七、医学地质学

医学地质学（medical geology）是研究地质材料和地质过程对动物和人类健康影响的学科，是处理自然地质因素和地质环境与生态环境间关系的科学，是认识人类健康与疾病的地理分布及其成因的学科，是采用深入而广泛的多学科综合知识和手段来认识、解决和改善健康与疾病问题的学科。它的研究范围包括确定和表征环境中有害物质的天然和人为来源，探索导致疾病的生物的、化学的、物理的以及其他因素的变化和运动规律，并研究这些因素是通过什么途径对人类产生健康和疾病影响的。

一般医学地质学的研究对象涉及如砷、汞、氟、碘、硒等微量元素，灰尘，有机物，放射性物质，微生物，病原体，局域环境污染乃至全球气候变化。微量元素可以以气体、液体和固体三种形态进入人体。第一种途径是天然岩石中的微量元素通过风化作用和人为污染进入土壤，土壤中的微量元素经谷物、蔬菜和其他食品进入人体；第二种途径是天然岩石和土壤中的微量元素通过淋滤作用和人为污染进入水体，水中的微量元素被人直接饮入或水进入动植物体内后被人间接食用进入人体；第三种途径是地质运动、火山活动、人为活动形成的大气飘尘，一定粒径的飘尘可经呼吸道进入人体并在肺部沉积下来，它们也可进入水体和动植物后再被人体摄入，从而影响人体健康。医学地质学所涉及的疾病与健康问题有：呼吸道疾病（由煤的使用、粉尘和氡引起）；与微生物和饮水有关的疾病；肌肉失常、心血管疾病和癌症；常见的砷中毒和与碘、氟、硒等有关的疾病；火山粉尘所致疾病；与土壤有关的疾病等等。

第二节　研究进展述评

随着重金属生态地球化学与人群健康研究的不断深入和新技术的快速发展，重金属的研究领域和研究程度也不断扩大和深入。例如，从测定土壤、植物中重金属全量到对土壤中重金属生物有效性的研究，而且细分元素价态，因为价态不同，毒性也不一样，如 Cr^{6+} 的毒性要远强于 Cr^{3+}；从单一元素研究到多元素之间相互作用研究；从研究重金属的环境地球化学特征到重金属与体液之间的相互作用机制研究。

一、研究内容

（一）重金属的生物有效性

重金属的生物有效性是衡量重金属元素迁移性和生态影响的关键参数。对于微量元素的生物有效性讨论，主要集中在其定义和评价方法上。

基于化学和生物学，"生物有效性"有两种不同的定义。生态毒理学家定义

"生物有效性"为物质监管剂量的一部分，这部分能通过暴露途径到达血液而且在体内运输到一个生态毒理的靶位。"生物可给性"是指一种物质的一小部分能被体液溶解，因此可以被吸收。地球化学家定义了"地质有效性"为化合物总量的一部分，这部分通过物理的、化学的和生物的过程，从地球物质中被释放进入环境或者生物界面。在生态毒理的背景下，"地质有效性"类似于"生物可给性"，但是"生物可给性"强调了在毒物的整个毒性中，地球物质的毒物形式所起的重要作用。对于地球物质中的大多数潜在毒物来说，存在如下一种关系：潜在毒物总量 > "生物可给性" > "生物有效性"。

生物有效性的评价方法较多，根据不同的研究对象可归为两类，即直接或间接的物理化学法和生物学评价法，物理化学法包括化学总量预测法、化学一步提取法、顺序提取法、自由离子活度法（唐南膜平衡法）等；生物学评价法包括植物指示法、微生物学评价法等。此外，在大气颗粒物和污染土壤经口无意摄入的暴露途径中，其生物有效性评价主要采取动物实验和体外实验两种方法。动物口服毒性实验的结果通常被认为是相当可靠的，但这种方法的应用受到其相对较长的实验周期和较高的实验费用的限制。许多研究均表明，基于生理学的体外实验，与动物实验的结果表现出良好的相关性。该方法操作简单，还能克服体内实验的诸多缺点。

（二）重金属元素间的交互作用

重金属元素间的交互作用及其生态效应逐渐成为医学地质学发展的重要方向之一。污染毒理效应的实验研究不仅采用大鼠、兔、豚鼠、蛙和狗等常规动物，而且还涉及鱼、虾和藻类等水生动植物，以及水稻、小麦和蔬菜等作物甚至土壤微生物；不仅以毒性大小或半致死剂量作为毒理效应的衡量指标，而且还研究其对生物产量的影响和有毒元素在体内的积累情况。

重金属交互作用具体表现在拮抗、协同和加和 3 个方面。从某种程度上而言，重金属产生拮抗作用的直接原因是位点竞争。而协同作用的产生和强度与各组分加入的顺序和比例有关，而且混合物组成及各组分（元素）的比例是决定混合物毒性的重要因素。修瑞琴等发现，当 Ni 和 Cd 以浓度比 1:1 加至石斑鱼生活的水体中时，表现为协同作用；但以其毒性比 1:1 加入时，则表现为先协同后拮抗。加和作用通常有两种，即浓度加和与效应加和。莫罗（Moreau）等认为，两种重金属是非相互作用，但作用模式相同时，联合毒性应等于浓度加和，如果作用模式不同，联合毒性则是效应加和。

此外，周启星等分析了复合污染生态毒理效应的定量关系，发现重金属污染物本身的化学性质对复合污染生态效应所起的作用，要比其浓度组合关系的影响小得多；重金属污染物暴露的浓度组合关系更为直接，在一定条件下甚至起决定作用。这一研究结果纠正了"复合污染生态毒理效应不仅取决于化学污染物或污染元素本身的化学性质，还与其浓度水平有关"的共识。

（三）重金属在人体中的暴露途径及其毒理动力学

大量的医学地球化学研究主要集中在岩石、土壤、沉积物中的化学元素是怎样通过水或者蔬菜传输进入食物链的，而且研究区域地球化学的变化是怎样通过饮食不足的必需元素，或者饮食过量的毒性元素导致疾病丛生。随着研究的深入，出现了一门新的学科——"毒理地球化学"，这门学科主要研究地球物质与体液之间的化学作用，以及这些相互作用可能影响毒性的机制。国内在这方面的研究成果尚不多。

重金属元素存在于地球物质中，如土壤和灰尘等，它们的主要暴露途径包括肠胃道（摄取）、呼吸道（吸收）和皮肤（经皮吸收）。毒理动力学是研究一种毒物和它最终效应的生理过程。该生理过程通常涉及 ADME（毒药物动力学），包括了吸收、分布、新陈代谢和排泄/排除四个过程。当一种潜在的有毒物质来源于地球物质和在体内的转化时，它以化学形式强烈地影响其毒理动力学，以及在血液、器官和组织上的生物有效性，因此，具有生态毒理指示效应。

二、研究方法

环境地球化学和生态毒理学中研究重金属的方法大量地应用于生态地球化学与人群健康研究。如对重金属元素的总量进行测定的酸法和碱法、对重金属元素的赋存形式进行研究的连续提取法及其后来的改进、对有毒有害元素联合作用的生态毒理技术，都已经发展得比较成熟。在揭露重金属在土壤中的来源和表征它们的区域变异方面，多元统计和地学统计的联合成为可能。此外，有大量的化学和毒理学的方法用于评估重金属与人体相互作用及其潜在毒理效应。下面主要介绍用于评估重金属与人体相互作用产生潜在毒理效应的方法及多元统计和地学统计在这方面的应用。

（一）环境地球化学和生态毒理学方法

评估微量元素与人体相互作用产生潜在毒理效应的方法包括：生物可给性和生物耐久性体外测试、生态毒理体外测试、生态毒理体内测试和生物监测。

生物可给性测试用于测量模拟气体、肠道和肺液中从地球物质提取的金属和其他物质的短期溶解度。生物耐久性测试用于测量地球物质和其他物质的长期溶解度。两种测试类型的目标都是为了了解化学物分解或地球物质和其他物质在体内通过各种暴露途径进行的蚀变反应的类型和速度。基于溶解度的两种体外测试类型有不确定性：① 它们如何复制体内的实际条件，这些条件具有高度的复杂性和动态性？② 预期的结果（像颗粒的溶解率或溶解于颗粒物的微量元素的类型和相对丰度）如何能外推到体内的毒性反应？

生态毒理体外测试从各种细胞的毒性体外测试发展到模拟活细胞或组织的毒物效应。在这些测试中，对给定特殊毒物的浓度或者剂量的载体媒介进行细胞培养，经过一段时期后测量各种毒性指示物，细胞形态变换或细胞繁殖。生态毒理体外测试的不确定性包括：它们的结果如何与体内毒性测试结果比较？它们如何复制人体内实际的物理条件和过程？

生态毒理体内测试是指经过合适的暴露途径，有生命的动物直接暴露于各种毒物中，然后测量毒理效应或暴露指示物，包括了吸入物测试和摄取测试。吸入物测试是将目标动物暴露于空气流中已知浓度的颗粒物，或在目标动物中，直接利用内部气管灌入颗粒物进行毒理效应或暴露指示物的测量。摄取测试通常通过提供目标动物某种食物，包括被摄取目标地球物质的已知浓度进行毒理效应或暴露指示物的测量。生态毒理体内测试的不确定性在于物理过程和暴露终点、剂量和反应，以及如何合理地将吸收的毒物和在动物体内的毒物外推到人体。生物可给性体内（生物可利用性）评估用于暴露于潜在毒物的个体，评估毒物被人体吸收、运输和新陈代谢的程度。生物可利用性能作为达到全身循环的一部分暴露剂量。将单一的静脉血浆浓度与主要暴露途径的血浆浓度相比较，决定其暴露剂量吸收程度。这种体内分析能评估整个身体的相关物质的生物聚集和特殊组织中发生的相关物质沉淀。这些模型在毒性评价时非常实用，目前被美国联邦机构用于外推人类风险。

生物监测涉及衡量一个目标群体的血液、毛发、尿液、唾液、组织和其他身体成分中的潜在毒物及它们的代谢物。生物监测的目标之一是评价暴露于特殊污染物的目标群体比例，另一个目标则是在目标群体中建立一个暴露的基线水平。生物监测不能由本身定义暴露的来源、频率、强度、耐久度和毒理生态结果，也不能被定期地分析化学物的急性暴露。当与有助于满足其他信息需求的研究结合时，生物监测是最有效率的。例如，运用地球科学信息鉴定、勘查和表征有关人类潜在地暴露于自然的或人类来源的环境污染物，如自然地存在的石棉，或地下水中的砷。放射性铅同位素分析方法已经变成生物监测的一个普通工具，它不仅可以用于推测血铅的暴露来源，而且可以帮助理解生理过程，如人体内铅被吸收、储存和再移动的过程。

（二）多元统计和地学统计

在医学地质的研究中，多元统计和地学统计得到广泛的应用。在多元统计和地学统计分析中，变量必须服从正态分布。即使不需要严格遵守标准，但是严重与标准违背的话，也会削弱统计结果的可靠性。为了避免结果失真和低水平的显著性，必须对所有测量值进行数据转化。在大量的数据转化方法中，对数转化应用很广泛。在数据转化之后，可以应用多元统计方法，如因子分析（FA）和聚类分析（CA）。这两种多元统计方法，除了能定义微量元素的自然或人为的来源，还能鉴定它们可能的非点源污染和划分一些有指示意义的类型。

因子分析从多维的数据中提取潜在的信息，能把测量的元素分成几组。因子系数矩阵通过聚类分析产生不同聚合的变量群。因此，聚类分析经常与因子分析一起确认结果和提供变量群。聚类分析的结果显示在系统树中，这种步骤表示法是一个可视化的分等级的聚类方法，而且能证明变量之间的相关性。

地学统计是应用统计学的分支之一，主要分析空间目标和空间相关性。克里金插值法作为一种地学统计插补方法，使用变异函数定量区域化变量的空间变异，为空间插补提供参数。通过变异函数的分析，获得合适的理论模型（如球形、指数或高斯）和克里金插补参数（如变程、块金值和基台值）。通过分析，可以产生微量元素的空间分布地图。

三、研究评价

对重金属的研究是生态地球化学与人群健康研究领域的重要组成部分。许多健康问题是由于人体中有益元素的缺乏或有毒有害元素过量所导致，重金属与健康关系的研究，不论是在实践上还是在理论上都有深远意义。

（1）重金属的生物有效性、重金属间的交互作用、重金属在人体的暴露途径及其毒理动力学等是重金属的主要研究方向。生物有效性评价方法是经验性的评价方法，缺乏元素形态和生物有效性之间的理论基础，必须加强土壤学、土壤生物学和毒理学等跨学科性研究，为经验性的评价方法提供理论基础；重金属间相互作用机理非常复杂，很多复合污染研究的结果带有猜想性，应利用分子生物学的各种技术手段和人工模拟方法，深化复合污染机理的研究，进一步揭示复合污染物的致毒途径及其机理；当潜在有毒元素进入人体，它们的溶解度、碱度和酸度、成分的氧化状态等形式会强烈影响人体的健康效应。体内和体外试验解决了许多复杂的问题，但是还有大量未解决的问题存在，这需要毒理学、化学生理学和流行病学等多学科综合研究。

（2）环境地球化学和生态毒理学研究方法广泛地应用于生态地球化学与人群健康研究。比较成熟的研究方法有：测定重金属元素的总量酸法和碱法；对重金属元素的赋存形式进行研究的连续提取法及其改进；对有毒有害元素联合作用的生态毒理技术等。用于评估微量元素与人体相互作用及其潜在毒理效应的化学和毒理学的方法，如生物可给性和生物耐久性体外测试、生态毒理体外测试、生态毒理体内测试和生物监测将成为未来发展趋势。在揭露微量元素在土壤中的来源和表征它们的区域变异方面，多元统计和地学统计的联合成为可能。

第二章　重金属生态地球化学行为

　　重金属的生态地球化学包括了重金属在环境介质（土壤、水、植物、大气）中的来源、分布、存在形态、迁移转化方式以及生态效应。随着研究范围的扩大，环境医学与生态地球化学学科之间交叉发展，人体中重金属的相关研究得到发展。

第一节　土壤中重金属的生态地球化学行为

　　土壤是极为复杂的体系，重金属元素在土壤中经过一系列物理、化学过程，改变了重金属的离子形态，影响了活度，导致重金属元素迁移速度和运动方式的变化，最终影响重金属在土壤—植物系统中迁移、转化和积累。

一、来源

　　土壤中重金属元素的来源主要有自然来源和人为干扰输入两种途径。在自然因素中，成土母质和成土过程对土壤重金属含量的影响很大。在各种人为因素中，则主要包括工业、农业和交通等引起的土壤重金属污染。土壤中的重金属按来源可分为两类：母质风化后残留的（内源）和人为活动通过各种污染途径积累的（外源）。由于这两类土壤重金属的来源和积累过程存在差异，重金属在这两类土壤中的分布及有效性也有所不同。

　　城市土壤中成土母质是其重金属的重要来源，是决定城市土壤中重金属元素含量与分布特征的重要因素之一。例如，在北京市，目前土壤中 Cr、Ni 的含量就主要受成土母质的影响，只有个别地区存在明显的 Cr、Ni 含量严重偏高的现象。城市交通运输则是城市土壤重金属的另一个重要来源，汽车尾气排放、轮胎添加剂中的重金属元素均可影响到土壤中 Pb、Zn、Cu 的含量，且这些元素的积累量都与交通流量有关。另外，城市生活垃圾与工业废弃物的堆放及填埋对其附近城市土壤中重金属的含量与形态特征有着明显的影响,其附近土壤中重金属元素的含量与形态分布特征与垃圾中的重金属含量及其有效态含量呈明显的正相关关系。在不同工矿企业周围,土壤重金属含量还表现出明显的特异性,如 Zn 矿冶炼厂废弃物的排放即可导致其周边城市土壤 Zn 含量特异。同时,公园与花园绿化过程中污水、污泥堆肥的广泛使用也明显影响到城市土壤中的重金属组成与含量。

二、分布

土壤重金属元素的富集与贫化,除与元素自身的地球化学特性有关外,还与土壤类型、成土母质、环境条件等因素密切相关,而且不同区域、相同类型的土壤中元素背景值也可能不一致。在我国不同地区,重金属元素背景值的分布规律表现出各自的差异性,例如,镉元素的背景值分布为西部地区 > 中部地区 > 东部地区,北方地区 > 南方地区;砷元素的区域分布则不同,我国东部和东南部土壤中砷元素背景值含量低于西部地区。

一些学者对重金属在土壤中的剖面分布进行了研究。结果表明,重金属元素主要积累在土壤耕作层。主要原因有:一是重金属元素的迁移能力较差;二是重金属在表层土壤富集与土壤的理化性质有关。表层土壤在长期的物理、化学、生物作用下,化学元素经过活化转移、分散富集、吸附沉淀等作用,得到了再分配和分异。

在城市土壤重金属空间分布研究方面,城区内不同的土地利用方式,对土壤中的重金属含量有着显著影响。一般来说,道路旁边土壤中的重金属元素含量明显比城市公园的含量高,但同时公园土壤中的重金属含量又高于远郊相同母质下农业土壤中的含量。而相同土地利用方式下的土壤重金属污染状况则表现出明显的同一性。经过研究发现,我国开封与南京城市土壤重金属的污染状况表现出类似的分布积累特征,工、矿冶区以 Pb、Cd 的积累为特征,而居民区和商业区则以 Cu、Zn 的积累为特征,即不同的人类活动造成城市土壤中不同类型的重金属积累。

城市和城郊长期的工矿业活动导致城市与城郊土壤不同程度的污染,污染程度往往随其与城区距离的增大而减小。沿纽约市 140 km 长的"城区—郊区—农区"森林生态样带,土壤中 Cu、Ni、Pb 的含量随着该区与市中心距离的增加而降低,且城区土壤中的 Cu、Ni、Pb 含量分别是农区土壤中含量的 4 倍、2 倍、2 倍。香港与广州城市土壤中的重金属含量分布也表现出类似的特征,即城区土壤所有的重金属平均含量最高,城郊的农业土壤(果园、菜园、作物土壤)和公园土壤居中，而林地土壤含量则最低。

三、存在形态

重金属在土壤溶液中，主要以简单离子、有机或无机络离子的形态存在。土壤溶液的有机组分对重金属离子的形态及其迁移能力有显著影响。综合已有的研究结果可以得出，在存在有机组分的条件下，土壤溶液中重金属的形态特征如下：

主要呈游离阳离子的有 Co、Mn、Cd，呈中间状态的有 Zn、Ni，主要呈络合态的有 Cu、Pb、Fe。

由于重金属化合物化学性质各异，土壤环境物质组成复杂，以及土壤物理、化学性质（pH、Eh 等）的可变性，土壤中重金属的赋存形态复杂。最近，大多数研究者在进行土壤重金属形态分析时，多采用逐级提取法分离各种形态，即用不同的浸提剂连续提取，如 Tessier 连续提取法，将土壤环境中重金属的赋存形态分为水溶态（以去离子水浸提）、可交换态或吸附交换态（以 $MgCl_2$ 溶液提取）、碳酸盐结合态（以 NaAc – HAc 为浸提剂）、铁锰氧化物结合态（以 $NH_2OH – HCl$ 为浸提剂）、有机结合态（以 H_2O_2 为浸提剂）、残渣态（以 $HClO_4 – HF$ 消解化，1:1 HCl 提取）。不同赋存形态的重金属，其生理活性和毒性均有差异。其中以水溶态和可交换态重金属的迁移转化能力最高，其活性、毒性和对植物的有效性也最大；残渣态重金属的迁移转化能力、活性和毒性最小；其他形态的重金属的迁移转化能力及活性和毒性介于其间。各种形态的重金属之间，随着土壤或外界环境条件的改变可相互转化，并保持着一定的动态平衡。水溶态重金属在土壤中一般含量甚低，占总量的比例很小，但由于这部分很容易被生物吸收，因而对生态系统具有重要意义。

四、迁移转化方式

重金属在土壤中的行为和归宿，包括迁移、转化和持留，主要有物理、物理化学、化学和生物过程，其作用方式可分为下列 5 种类型：

（一）机械吸收作用

土壤是一个多孔体系，能够机械截留进入土壤后比其孔隙大的颗粒物，如含有重金属的矿物颗粒，使之不易淋失，这种作用称为机械吸收作用。土壤越粘，则截留物质的能力越强。但因其不能保存可溶性物质，所以机械吸收不是土壤吸持重金属的主要形式。

（二）物理作用

土壤颗粒，特别是胶粒，具有巨大的表面能，能够把分子态（包括液态分子和气态分子）的重金属吸附在土壤与溶液的界面上。这是一种物理现象，称作物理吸收作用，也有文献将其称作表面吸附或非极性吸附，因为重金属离子是土壤胶体表面牢固吸附的。土壤质地越细，腐植质含量越多，物理吸收作用越强。另外，土壤溶液中水溶性的重金属离子或络离子，可以随土壤中的水分从土壤表层移到深层，从地势高处移到地势低处，甚至发生淋溶，随水流失迁移出土壤而进入地表或地下水体。更多的是重金属通过多种途径被包含于矿物颗粒中，或被吸附于土壤胶体表面上，随土壤中的水分流动而被机械搬运，也可能以飞扬尘土的形式随风迁移。在农田生态系统最显著的物理迁移过程，就是重金属随地表径流而被冲刷。

（三）物理化学作用

由于土壤胶体微粒是带有不同电性的电荷，当它与溶液接触时，便能吸附溶液中带异性电荷的离子；与此同时，把土壤胶体上等当量的相同电荷的其他离子代换出来而达到动态平衡。这是一种物理化学现象，称为物理化学吸收作用，又称作离子代换吸收作用，或离子交换吸附，也将其名为极性吸附。它是土壤吸收性能中最重要的一种方式。土壤胶体越多，电性越强，物理化学吸收作用也越强。

（四）化学作用

化学作用主要包括吸附—解吸、溶解—沉淀、配合（螯合）作用、中和作用、氧化—还原作用等。实际上，吸附与解吸是化学作用和物理化学作用综合作用的结果，化学作用应当是指其中的专性吸附作用。

土壤溶液中重金属化合物的沉淀—溶解作用是重金属化学迁移的重要形式，表现在可溶性盐类的离子与土壤溶液中的离子，因化学反应生成难溶解的化合物而得以保持在土壤中，如可溶性磷酸盐可被铁、铝、钙等离子固定生成难溶性的磷酸铁、磷酸铝或磷酸三钙。该反应一般为可逆反应，当反应向溶解方向进行时，就使得部分重金属从土壤中释放出来，增强了重金属化合物的活性；相反，则增加重金属在土壤中的持留，并可降低或减缓重金属的活性和毒性。这种平衡不能仅用溶度积规则的一般原理进行描述，而需结合土壤的实际情况，考虑 pH、Eh、有机质、配位平衡、共沉淀、后沉淀等多种因素的影响。

土壤环境中存在许多天然的无机和有机配位体，如羟基、氯离子、腐殖酸、有机酸和酶，以及农药等大量人工合成的物质。这些有机物常含有很多 N、O、S 等原子，这些原子可以提供孤对电子与重金属形成配位键相结合，即生成配合物或螯合物。因而土壤中的配合和螯合作用具有普遍性，是影响土壤污染物，特别是重金属和农药迁移转化的重要途径。例如，羟基、氯离子与重金属配合生成重金属羟基配合物和水溶性氯配离子后，可大大提高重金属化合物的溶解度；重金属与富里酸可形成稳定的可溶性螯合物，而与腐植质则形成难溶的螯合物等。重金属在土壤中被土壤有机胶体吸附，呈有机结合态，此形态的重金属具有较强的移动性、生物活性和毒性。

同时，土壤中还存在中和作用。土壤环境中酸性物质包括土壤溶液中的无机酸、有机酸化合物以及土壤胶体吸附的 H^+、Al^{3+} 等；碱性物质主要有碳酸盐、溶液中碱土或碱金属离子、OH^- 和其他碱性盐类等。通常，土壤酸碱度（pH）的高低就取决于土壤中酸性物质和碱性物质之间的化学平衡反应。根据土壤 pH 的高低，可将土壤分为酸性土壤（pH < 6.5）、中性土壤（$6.5 \leqslant pH \leqslant 7.5$）和碱性土壤（pH > 7.5）。由于土壤有机质和黏土矿物等可使土壤环境对外源酸性或碱性物质具有一定的抵御能力，这种性质被称为土壤的酸碱缓冲性能，而这种缓冲作用有利于降低某些酸碱污染物对土壤的影响。土壤的氧化—还原作用是影响有机污染物降解速度和强度、重金属的存在形态、迁移转化、活性或毒性的重要因素。土壤环境中的氧化剂主要是土壤空气中的游离氧、高价金属化合物和 NO^{3-} 等，还原剂主要为土壤有机质、低价金属化合物。反映氧化—还原作用过程性质的指标是土壤环境的氧化还原电位（Eh）。影响这一作用的主要因素是土壤有机质含量、矿物组成、土壤通气状况以及与之有关的土壤结构、质地和水分含量等。在还原条件下，Cd、Zn、Ni、Co、Cu、Pb 都有可能形成难溶性硫化物，以致它们的迁移性和对生物的可给性都比在氧化条件下低。Mn、Fe 在还原条件下比在氧化条件下溶解度大、迁移性强。Cr、As 的价态变化对其危害程度及在剖面中的动态也有重要作用。

（五）生物作用

土壤环境中重金属的生物作用主要是指植物通过根系从土壤中吸收某些化学形态的重金属，并在植物体内累积起来。这种迁移既可认为是植物对土壤的净化，亦可认为是污染土壤对植物的危害，特别是植物富集的重金属有可能通过食物链进入人体时，危害更严重。微生物对重金属的吸收及土壤的动物啃食、搬运是土壤中重金属生物迁移的另一途径。植物根系从土壤中吸收重金属并在体内富集受多种因素的影响，其主要影响因素是重金属在土壤环境中的容量和赋存形态，一般水溶态的、简单的络离子最容易被植物所吸收，而交换态和络合态次之，难溶态则暂时不被植物所吸收。水溶态、交换态重金属含量高的土壤中，植物吸收重金属的量也就多。由于赋存重金属的各形态之间存在动态平衡，因此，植物吸收重金属的量也处于动态变化之中。土壤环境的酸碱度、氧化还原电位，土壤胶体的种类、数量，不同的土壤类型等土壤环境状况，直接影响到重金属在土壤中的赋存形态和它们相互间的比率关系，从而影响到植物对重金属的吸收，进一步影响到重金属在土壤中的生物迁移作用。

总之，重金属进入土壤后，可被土壤胶体吸附，与土壤无机物、有机物形成配合物，或与土壤中其他物质形成难溶盐沉淀，或被氧化还原，或被植物及其他生物吸收。但吸附是重金属在土壤中所发生的迁移转化的重要控制过程，是许多重金属离子从溶液转入固相的主要途径。重金属在土壤中的活动性、分布和富集，在很大程度上取决于是否被土壤胶体所吸附以及吸附的牢固程度。

五、生态效应

城市土壤重金属元素积累的生物学效应可以通过植物、动物、微生物的生理生态等方面的变化而得到很好的表征。对这些效应的研究不仅有助于找出评价城市土壤重金属污染的有效监测指标，而且有助于发现敏感的指示生物。

城市土壤中累积的重金属可以通过土壤—蔬菜系统直接进入人体，从而威胁到人体健康，这是城市人群暴露土壤重金属污染的主要途径之一。过去关于城市（郊）土壤—蔬菜系统重金属污染的研究主要侧重于城郊蔬菜及其他作物污染状况的调查研究，而关于区域城市土壤重金属污染风险评估的理论和方法的研究开展得很少。最近几年国外在土壤中重金属含量风险评价方面开展了一些非常有意义的工作。西班牙的 Nadal 等通过建立评价模型发现工业地区甜菜中 Cr 的积累与摄入有可能导致癌症发生率增加；英国的 Yong 等最近提出的线性数学模型，可以根据人体对特定蔬菜的摄入量来计算土壤污染的健康风险。我国主要在城市土壤—蔬菜系统中重金属污染状况调查研究方面做了大量工作，虽得到了一些显著的成果，但还远远不够，今后应加强对风险评估理论与方法的研究，为我国的城市污染土壤管理和农产品安全生产提供实际指导。

此外，城市土壤重金属污染还对土壤微生物有着深刻的影响。与农业土壤相比，城市土壤中的微生物由于受到重金属元素的影响，其基底呼吸作用明显增强，生物量显著降低，C_{mic}/C_{org}（微生物商）的值明显升高；Biolog 数据显示城市土壤对能源碳的消耗量和速度显著升高。通过主成分分析，发现城市土壤中有效态铅、锌、铜与镍的积累对城市土壤微生物的 Biolog 结果有着显著影响，且这种效应具有长期性。因此，可以通过研究城市土壤中的微生物 Biolog 结果的变异来反映其重金属积累的严重性。

国内外学者还广泛借助蚯蚓来研究城市土壤重金属污染对动物的毒理学效应，寻找可靠的监测指标。Kennette 等通过野外采样研究发现，蚯蚓体内组织的重金属富积量与城市土壤中高浓度的 Cu、Pb 和 Zn 含量达到一种动态平衡状态，并且蚯蚓体内的重金属积累与土壤中重金属总量呈现线性对数相关性；结果表明城市土壤中重金属元素具有较低的生物有效性与毒性效应。这与利用化学浸提等方法来研究城市土壤重金属有效性所得的结果相符合。郭永灿等则通过室内模拟实验研究了重金属对蚯蚓的毒性毒理效应，发现蚯蚓的各项病理变化指标均能定性地反映土壤的重金属污染状况。

第二节　水体中重金属的生态地球化学行为

重金属在水体中的生态地球化学行为主要表现在重金属的来源途径、分布特征、存在形态和迁移转化方式等方面。

一、来源

水体中的重金属一部分来自岩石及风化作用的碎屑产物，如大气干湿沉降、地表径流等；还有一部分来自人类活动污染源，如污染物的直接排放等。通过自然途径进入水体中的重金属一般不会对水体造成污染，而由于人类活动导致的大量含有重金属的污染物进入水环境中，对生态系统和人类健康会产生重大影响。它们绝大部分都结合在颗粒物中，一般会随着悬浮物在水流中的运动，转移到底部沉积物中。与沉积物相比，上覆水体中重金属分布的规律性比较差，这就使得研究者对其在上覆水体的行为研究较少，但这又对它在沉积物中的赋存形态有着重要影响。从重金属与水体中组分的结合机制看，它可以通过有机、无机和生物结合的形式在水体中迁移转化。

二、分布

水体中的重金属以各种形态分布在水相、底质及生物体中。

（一）水相中的重金属

重金属在水相中的分布可反映出污染源和沿途沉积的影响。通过研究近海、近海潮间带、海口湾、河流、沿岸河口、湖水、水库、冰川、海岛等水体中痕量金属浓度及其变化规律发现，在受重金属污染的水体中，水相中重金属的含量很低，即使接近污染物排放口，水中重金属的含量也不高，而且随机性很大，常受排放状况与水力学条件影响，含量分布往往不规则，大部分赋存于悬浮物中。水体中重金属的检出与水相 pH 值有关。一般在碱性条件下，水体中的重金属易受泥沙吸附而沉淀；在酸性条件下，底泥中的重金属会向水体释放。长江口海域水质溶解态重金属 Hg、Pb、Cd 和 Cu 的分布变化具有波动性，沿中值水平线上下变化；平面上高值区的分布存在 3 种基本形式，即沿岸带高值区、沿岸—离岸带联片高值区、离岸带高值区，其中离岸带高值区在长江口海域最具特色。离岸带高值区的成因与规模首先取决于河流中重金属的供给情况，其次与溶解态—颗粒态转换有关。而河流重金属的供给与排污等有关，溶解态—颗粒态转换与吸附剂、溶解态浓度等相关。长江口水相中各重金属的浓度是枯水期高于洪水期，底层各重金属的浓度比表层高。河口中重金属间大都有良好的相关性，说明重金属具有相似的行为。近海水域重金属含量由陆向海方向，随海水盐度、pH 值升高及化学耗氧量降低而降低。各种重金属元素与水体中有机物的相关程度顺序为：Cu > Zn > Pb > Cr > Hg > As。影响其分布的主要因素有陆源污染物及沿岸径流、水动力条件及季节等。

对水相中重金属垂向分布（包括天然淡水表面微层、上覆水和沉积物孔隙水等）研究表明，重金属在表面微层水中的富集显著；沉积物孔隙水中 Cu、Pb、Zn、Cd 的含量远高于过滤水和原水，远远大于它们在上覆水中的浓度。沉积物中的重金属可能按照浓度梯度经孔隙水从沉积物向上覆水中扩散而最终影响上覆水的水质。

（二）沉降物中的重金属

在受纳水体中，重金属污染物不易溶解，绝大部分均迅速地由水相转入固相，即迅速地结合到悬浮物和沉积物中。悬浮物是水体污染物迁移的主要载体，沉积物则成为污染物的主要储存场所，沉降物中的金属含量往往比水中高出许多倍，有时可达几个数量级，并表现出较明显的含量分布规律性。当水体 pH、Eh 等条件发生变化时，沉积物将会释放吸附的污染物，对水环境产生二次污染。从沉积物中重金属的含量水平可以判断研究区受污染的程度，从重金属的含量水平分布可以追踪其污染源，了解其扩散范围；而研究沉积物重金属在柱状样不同层位的含量分布，则可了解所研究区域重金属的污染历史；把柱状样重金属含量与未污染区背景值进行对照，可反映出不同历史阶段人类活动对所研究区域重金属的输送量的变化情况。

通过研究近海、河口、潮间带、潮滩、陆架区、海洋、湖泊等水体沉降物中痕量金属的浓度及其分布规律，得到的主要结论有：天然河流和潮间带水体中，悬浮物中重金属含量普遍高于沉积物，表层悬浮物中各重金属的浓度大多比底层高。潮间带悬浮物和沉积物中重金属总量均值明显低于长江、珠江等天然河流，而远高于海洋沉积物。水体沉积物中重金属含量大于上覆水溶液中的含量，与沉积物的平均粒级呈显著负相关，沉积物粒级越小，其重金属含量越高。在 pH 值较低的情况下，沉降物对各元素的吸附量较大；在 pH 值较高的情况下，沉降物对各元素的吸附量较小。河流沉积物中重金属含量最高点出现的位置大多滞后于水体重金属含量的最高点。悬浮物以细小颗粒为主，沉积物以粗颗粒为主，在一定水力条件下，沉积物与悬浮物可以相互转换，并且两者在组成上具有一定的相似性。悬浮颗粒物与表层沉积物中金属浓度的良好相关性体现了相间物质交换和再分配的结果。悬浮物和表层沉积物中重金属总量的沿程变化趋势基本相同（Zn 除外），表现为从上游到下游重金属的含量逐渐升高。一般在主要支流口附近和弯道凸岸重金属含量较高，而在直道含量则普遍相对较低。在同一断面，重金属尤其是硫化物对河岸的污染要比对河中的污染重。有机质与重金属相关性的顺序为 Hg > Cr > Pb > Cu > Ni > Cd > Zn > Mn，这一顺序反映了上述 8 种重金属与底质腐殖质键合力的大小关系，说明了这些重金属底质中易积累的顺序。研究表明，大部分潮滩沉积物中的重金属含量都呈带状分布在垂直岸线上，重金属从高潮滩到低潮滩含量逐渐降低。沿岸方向、淤涨岸段，重金属含量低，排污口严重影响着重金属的沿程分布，重金属含量随离排污口的距离增大而呈指数减少；垂向方向，在许多地方重金属分布与人类活动、经济发展状况相吻合。沉积物中富集的重金属浓度不仅取决于自然搬运和人为排放，而且还取决于沉积物的表面特性、有机物含量、矿物组分以及沉积物的沉积环境等多种因素。沉积物中颗粒的粒度组成是影响沉积物中重金属的浓度及分布的重要因素。

（三）生物相中的重金属

通常认为重金属在水生动物内的积累经过下列途径：一是经过鳃不断吸收溶解在水中的重金属离子，然后通过血液输送到体内的各个部位，或积累在表面细胞之中；二是在摄食时，水体或残留在饵料中的重金属通过消化道进入体内；此外，体表与水体的渗透交换作用也可能是重金属进入体内的一个途径。不同的重金属在同种动物类群中的含量存在差异，同种重金属在不同动物类群体内的含量亦存在差异。动物体的不同组织对某种重金属具有高度选择性，肾脏和肝脏由于可以快速大量合成金属硫蛋白使重金属得以大量蓄积，所以成为重金属蓄积的重要靶器官。汞、锌、砷主要积累分布于鱼鳞，铅、铬、铜则主要积累分布于内脏。重金属在不同水生动物中残留量有所不同，以浮游动植物为食的鱼类体内砷、镉的含量较高，以固着藻类和腐屑为食的鱼类体内铬、铜的含量较高，以底栖无脊椎动物为食的鱼类体内锌的含量较高，铅和镍则在杂食性鱼类体内的含量较高；以沉积物为主要饵料的杂食性底栖动物体内重金属含量大于鱼类。鱼类、甲壳类、头足类和贝类等不同动物类群体中重金属（Cu、Zn、Pb、Cd）的含量大小顺序依次如下：Cu，头足类 > 甲壳类 > 贝类 > 鱼类；Zn、Pb 和 Cd 则为，头足类 > 贝类 > 甲壳类 > 鱼类；绝大部分海洋动物体中重金属平均含量依次为，Zn > Pb > Cu > Cd。对生活在水上、中层的鱼类来说，鱼体中的重金属积累量主要取决于水中的重金属浓度；对底栖鱼类来说，则取决于水和沉积物中的重金属浓度。不同种类的鱼对水中金属的吸收和积累状况各不相同，重金属富集系数大于营养元素的富集系数。

　　水生植物对重金属的忍受能力大小因植物生活类型不同而存在差异，一般认为，挺水植物 > 漂浮植物、浮叶植物 > 沉水植物；吸收积累能力是沉水植物 > 漂浮植物、浮叶植物 > 挺水植物，根系发达的水生植物大于根系不发达的水生植物。植物体内的重金属主要积累于根部，茎叶部分含量相对较低，植物对重金属的富集作用与土壤背景有一定的相关性。研究表明，水生藻类、浮游动物群落、鱼类和底栖动物（如贝类、螺）等可用于监测水体重金属污染情况。

三、存在形态

（一）重金属的物理化学形态

　　天然水中重金属的形态分析方法主要有阳极溶出伏安法、阴极溶出伏安法、化学修饰电极法、离子选择电极法及化学分离—含量测定法。其中化学分离与分析测试技术联用在重金属的形态分析中得到广泛应用。对沉积物中重金属不同地球化学相的提取，有许多学者提出了不同的方法和流程，主要包括单级提取法和多级连续提取法。单级提取法通常指的是生物可利用萃取法，直接以选择性化学试剂萃取，如用浓度为 5% 的 HNO_3 或用浓度为 1mol/L 的 HCl。所谓多级连续提取法就是利用反应性不断增强的萃取剂，针对不同物理化学形态重金属的选择性和专一性，逐级提取颗粒物样品中不同有效性的重金属元素的方法。研究者常用的多级连续提取方法有 Tessier 法、Forstner 法及欧共体标准物质局（BCR）法。Tessier 法将重金属赋存形态分为可交换态、碳酸盐结合态、铁锰氧化物结合态、有机结合态、硫化物结合态和残渣态，该法是目前应用最广泛的方法。Forstner法将重金属赋存形态分为 6 种：可交换态、碳酸盐态、易还原态（主要是还原物）、中等还原态、可氧化态、残渣态。BCR 法把重金属赋存形态分成 4 种：乙酸可提取态、可还原态、可氧化态及残渣态。影响重金属形态分布的因素有：颗粒物重金属浓度的影响、金属在颗粒物中存在的时间、进入颗粒的金属化合态的影响、颗粒物 pH 和碳酸盐的影响、颗粒物有机质的影响、铁锰氧化物的影响。

（二）重金属的生物活性形态

动植物从沉积物中吸收重金属的能力首先取决于重金属在沉积物中的形态，其次取决于重金属在沉积物中的含量。酸可挥发硫（AVS）对重金属在沉积物中的毒性大小起着重要的作用，因为酸可挥发硫可以与重金属形成硫化物影响沉积物中重金属的形态，还可决定沉积物中重金属阳离子生物富集的重要分配相。一般而言，当沉积物中 AVS 含量大于重金属含量时，重金属都被 AVS 结合，不易释放，从而难对生物产生毒害。最易被生物吸收的是离子交换态（可代换态）；其次是在 pH 变化时较易重新释放进入水体的碳酸盐结合态；铁锰水合氧化物结合态（以下简称铁锰氧化物态）在环境变化时会部分释放，对生物有潜在有效性；有机—硫化物结合态不易被生物吸收利用；残渣态主要来源于天然矿物，稳定存在于矿物晶格里，对生物无效应，所以也称惰性态。对于食用沉积物腐屑的底栖动物而言，底泥 Cu 的水溶态、离子交换态、碳酸盐态、铁锰氧化物态，Pb 的水溶态，Mn 的水溶态、离子交换态、有机—部分硫化物态可被生物吸收利用；而底泥 Cu 的水溶态，Pb 的水溶态对滤食性底栖动物具有生物有效性；底泥 Cu 的水溶态，Pb 的水溶态，Zn 的水溶态、离子交换态、碳酸盐态、有机—部分硫化物态，Mn 的水溶态、离子交换态、碳酸盐态、铁锰氧化物态对水生根系植物是有效的。

四、迁移转化方式

重金属在水体的迁移转化过程几乎包括水体中各种已知的物理、化学及生物过程。重金属在水体中的吸附与释放过程是其迁移转化中十分重要的一环。影响重金属积累与释放的主导因素有：Eh、pH，生物活动，潮汐、风暴潮、静水压力等作用，以及人为作用（如航道清淤）等。

（一）重金属吸附过程

沉积物对重金属的吸附过程分为物理吸附（非专属吸附）、化学吸附（专属吸附）以及生物吸附。吸附平衡可以用两种不同的模式来描述，即实验性分配模式与概念性表面络合模式。实验性分配模式即吸附平衡后重金属在固液两相界面上的分配可以用吸附等温式如 Henery、Langmuir 和 Freundlich 等吸附模式及其修正模式进行描述。表面络合理论用于描述固液界面吸附过程，以表面官能团与溶液中重金属离子之间的化学反应来描述。其中恒定容量模式（CCM）、扩散层模式（DLM）和三层模式（TLM）应用最广。固体颗粒物（悬浮物、沉积物、土壤及其成分）对重金属离子的吸附不仅取决于吸附剂本身的组成性质及吸附质的化学性质、存在形态等，而且严格地受到水体环境中多种因子如水体泥沙浓度和粒度、温度和水相离子初始浓度、pH 值及离子强度等的影响。尤其是泥沙浓度和粒度影响最大，泥沙浓度越大，粒径越小，吸附量越大，吸附速度越快，而且不同粒径泥沙共存时对吸附特征参数影响很大。

生物细胞吸收金属的方式主要有 2 种：一种是活体细胞的主动吸收，包括传输和沉积两个过程；另一种是细胞通过细胞壁或者细胞内的化学基因与金属螯合而进行的被动吸收。生物吸附的机理主要有：表面络合机理、离子交换机理、氧化还原机理、酶促机理、无机微沉淀。影响生物吸附的因素有：吸附剂种类、浓度和颗粒大小，金属离子的浓度，pH 值，光照和温度，共存离子等。

（二）重金属释放过程

使沉积物中重金属释放的主要途径有：沉积物中还原组分的氧化释放、矿物微粒和水合金属氧化物表面的离子交换和解吸释放、有机物氧化与分解释放、间隙水向上扩散、水中各无机和有机配位体的竞争与络合、生物扰动、水体的水力混合效应（认为可控制沉积物重金属交换反应效率）。在水环境中金属的释放顺序为 Cd > Cr > Pb > Cu > Zn > Ni > Mn > Fe，载体的释放顺序为 Fe、Mn 氧化态 > 有机质结合态 > 粘土。对释放有较大影响的因素主要有泥沙浓度、颗粒粒径和沉积物厚度、沉积物污染浓度、有机质、温度及 pH 等。

生物引起重金属释放主要是通过下列两条途径来实现的：其一，生物新陈代谢；其二，生物扰动。微生物对重金属的释放是多方面的，最主要表现在如下 3 个过程：分解有机质，降低分子量，产生较易络合金属离子的有机质；新陈代谢活动使环境条件如 Eh、pH 发生变化；通过 Eh 的变化使无机化合物变成金属有机络合物。

（三）重金属在沉积物—水界面的地球化学循环

重金属向上运移是由上覆沉积物的压缩作用和微生物共同作用引起的，影响重金属在沉积物—水界面循环和迁移的主要因素有：竞争吸附对重金属释放的影响、沉积物中重金属释放的酸度效应、氧化还原条件对重金属释放的影响、重金属释放的温度效应、有机络合剂对沉积物中重金属释放的影响。

第三节　植物中重金属的生态地球化学行为

植物中的重金属主要来源于土壤、大气沉降，重金属在蔬菜中的累积与分布存在差异，蔬菜吸收重金属的机理也存在差异。

一、来源

（一）土壤

土壤是蔬菜通过根系吸收重金属的主要介质，土壤中的重金属含量直接影响蔬菜对重金属元素的吸收和累积。蔬菜种植区土壤的重金属污染主要来源于污水灌溉和污泥施用。由于城市工业化的迅速发展，大量的工业废水涌入河道，使城市污水中含有的 Pb、Cu、Cd、Hg 等重金属离子随污水灌溉而进入土壤。如西安污灌土中的重金属含量明显高于正常土，其重金属累积强度系数在 $1.11 \sim 10.59$ 之间。在分布上，往往是越靠近污染源头和城市工业区的土壤污染越严重。多项试验表明，在污灌土中生长的蔬菜作物的重金属含量明显高于生长在正常土区的同类蔬菜。

污泥中含有大量的有机质和氮、磷、钾等营养元素，是很好的栽培介质，但其中也含有大量的重金属，如 Cu、Pb、Zn、Ni、Cr、Hg、Cd、Mn 等。试验表明，污泥堆肥处理的叶用莴苣中的 Cu、Zn 含量均显著高于空白对照、化肥和污泥复合肥处理的。随着污泥施用量和施用次数的增加，普通白菜中 Cd 和 Cr 的含量也呈不断上升的趋势。

（二）大气

除了通过根系从土壤中吸收重金属外，蔬菜作物还可以通过叶片从空气中吸收重金属元素。大气沉降是土壤重金属污染的重要来源，它可以引起农田中生长的蔬菜中 Zn、Mn、Co、Ni、Pb、Cu、Cd 等多种重金属含量升高。粉煤灰的施用也可导致土壤中 Cd、Pb、Hg、Cu、Zn、Ni 含量的增加，使蔬菜中的重金属含量升高。汽车尾气是大气污染的另一重要来源，其污染元素主要是 Pb。汽车排放废气中的 Pb 沉降造成公路两侧的土壤及种植地的蔬菜受到 Pb 污染。随着种植地与公路距离的增加，土壤中的 Pb 含量逐渐减小。

二、重金属在蔬菜中的积累与分布

（一）不同蔬菜对同种重金属吸收的差异

在土壤污染环境中，不同种类蔬菜对同一重金属的吸收是不相同的。例如，在 Cu 污染土壤上，胡萝卜对 Cu 的吸收量比生长在当地正常土壤上的增加 1.3 倍，而菠菜仅增加了 0.29 倍；而在高 Pb 浓度下，菠菜中的 Pb 含量远远大于胡萝卜和韭菜。在相同条件下，一些蔬菜对某些重金属污染物吸收的绝对量差异明显，如马铃薯吸收 Cu 的绝对量是白菜的 5.3 倍，菜豆吸收 Hg 的绝对量为番茄的 6 倍。段敏等检测的 17 种蔬菜中，在其他蔬菜 Cd 含量均未超标的情况下，茄子中有 16.7% 超标，最高超标 4 倍；芹菜中有 33.3% 超标，最高超标 1.4 倍；而对 Cr 含量的检测发现，菜花中有 20% 超标，最高超标 5.2 倍。何江华等分析的 10 大类 46 种蔬菜中，水生菜类对 Hg 的吸收富集较高，而薯蓣类则较低。叶绿素组成元素 Cu、Zn，在光合作用强的叶菜类和光合营养体的豆类、瓜果类蔬菜中的含量明显高于在光合作用弱的根菜类及甘蓝类蔬菜中的含量。

一般而言，叶菜类如菠菜、芹菜等对重金属有较强的富集能力。汪雅谷等用富集系数（即蔬菜中某污染物含量占土壤中该污染物含量的百分率）来评价蔬菜对重金属 Cd 的吸收能力：第 1 类是低富集的蔬菜（富集系数 <1.5%），包括黄瓜、豇豆、冬瓜等；第 2 类是中富集的蔬菜（1.5% < 富集系数 <4.5%），包括莴苣（茎）、萝卜、葱、番茄等；第 3 类是高富集的蔬菜（富集系数 > 4.5%），包括菠菜、芹菜、小白菜等。

一些蔬菜不但可以嗜吸收某种重金属，而且还具备有特殊富集能力的器官，用来储存污染物，如 As 在胡萝卜根中的富集，Hg 在菜豆荚中的富集，Pb、Cd 在萝卜根中的富集，Sb 在萝卜叶片中的富集等。

此外，还有研究表明，同一种蔬菜的不同基因型吸收重金属的情况也存在差异。如 Michalik 等把 4 个变种的胡萝卜播种在 3 个不同重金属污染的地方，发现无论在何处，变种"Kama"肉质根中的 Pb、Ni、Cr、Cu、Mn 等重金属含量均为最高。

（二）同一种蔬菜对不同重金属吸收的差异

一般来说，对于同一种蔬菜来说，富集元素的规律是 Cd > Zn、Cu > Pb、Hg、As、Cr。有关研究还表明，当 Zn、Cd、Cu 混施时，Cd 的存在促进了大豆叶片中 Zn 的积累，而 Cu 的存在则使 Zn 和 Cd 的浓度降低。

（三）重金属在蔬菜不同器官的分布

重金属在植株体内各部位的残留状况不尽相同，多种研究结果表明：① 不同重金属在相同株体各器官内的积累分布有差异，如 Zheljazkov 等对保加利亚有色金属冶炼厂附近的薄荷进行调查发现，在薄荷中的 Cd 含量为根＞叶＞根状茎＞茎，Pb 的含量为根＝叶＞根状茎＝茎，Cu 的含量为根＞叶＝根状茎＝茎，Zn 的含量为叶＞根＞根状茎＝茎。② 同一种重金属在不同蔬菜种类株体各器官内的分布有差异。迟爱民等通过分析西红柿、青椒和豆角的根、茎、叶 3 个部位重金属的含量发现：Cu、Pb、Zn、Cd、Hg 的含量分布在 3 种蔬菜中均是叶＞根＞茎；As 的含量分布在西红柿、青椒中是根＞叶＞茎，在豆角中是根＞茎＞叶；Cr 在 3 种蔬菜中的含量分布都是根＞叶。③ 少数重金属在蔬菜株体内的分布极不均衡。如 As 进入番茄株体后几乎全部累积到根和叶内，Hg 几乎全部迁移到番茄叶中；而在菜豆、青椒株体内 Hg 经迁移几乎全部累积进入果实中。④ 重金属在蔬菜株体内的累积分布类型大致可分为以下几种：A. 根、叶＞茎、果；B. 叶＞果、根、茎；C. 果＞叶、根、茎；D. 根≈茎≈叶≈果。4 种类型多寡排序为：C＞B＞A＞D。番茄中的 Cd、Cu、Zn，菜豆中的 Hg、Cu、Zn，青椒中的 Hg 均属于 C 类分布。

三、迁移转化机制

（一）蔬菜对重金属的吸收机制

重金属元素在作物体内吸收和运输的机制被认为与各元素在植物体内的生物化学过程密切相关。Zn、Cu 是植物必需的微量元素，但过量则有毒，植物吸收 Zn 以代谢为主。Cd、Pb 是植物非必需的元素，两者的积累均会引起植物的中毒，而且 Cd 的毒害作用大于 Pb。如 Cd、Pb 在油菜体内的累积顺序为根＞茎＞叶。与 Cd 相比，Pb 主要积累在油菜根部，向茎叶迁移积累的量很少，且随添加浓度的增加，茎叶吸收 Pb 的变化量不大。在最高浓度时，茎叶吸收 Pb 的量仅是对照的 3 倍，而吸收 Cd 的量却是对照的 45 倍，这与其他研究结果一致，说明植物对 Cd 的吸收有被动吸收和代谢吸收，而 Pb 元素为被动吸收。

同时，研究还发现，对油菜整株及根部吸收 Cd 量贡献最大的都是碳酸盐结合态 Cd，对油菜茎叶吸收 Cd 量贡献最大的是铁锰氧化物结合态 Cd，而对油菜各器官吸收 Pb 量贡献最大的均为铁锰氧化物结合态 Pb。出现这些结果可能是因为植物根系由于重金属的胁迫作用改变了根系分泌物的总量和组成，如改变了根系土壤的 pH、Eh 和有机酸含量等，这反过来又重新调节重金属在根部中的化学过程。土壤重金属水溶性部分与其他部分处于动态平衡之中，水溶性部分的重金属一旦被植物吸收而减少时，将主要从粘粒和腐殖质吸附的部分来补充。但是，植株对 Pb、Cd 的积累能力并不与土壤中的含量成正比例，反而是随着添加浓度的增加而降低，这可能是因为过多的重金属离子对细胞膜的机能造成损害，使其通透性改变，金属离子以无序状态通过，浓缩率下降。

土壤中的 Hg 以金属 Hg、无机化合态 Hg 和有机化合态 Hg 形式存在。蔬菜能直接通过根系吸收 Hg，其吸收程度与 Hg 的存在形态有关，一般挥发性高、溶解度大的 Hg 化合物容易被植物吸收。Sb 是环境中微量但普遍存在的有毒元素，它是植物非必需元素，Sb 在植物体内的积累有潜在的慢性毒性。何孟常等的研究发现，萝卜叶片中 Sb 的含量与 Sb 在土壤中的分布趋势一致。植物除了根系可以从土壤中吸收重金属元素外，还可以通过叶片从空气中吸收一些元素，如 Pb、Hg、Zn 等。郑路等认为，生长在污染空气中的蔬菜，约 50% 的 Pb 是通过叶片从大气中吸收的。叶面积大、叶面粗糙的蔬菜吸收 Pb 的能力强，Pb 含量高；而叶细窄、表面呈蜡质状的蔬菜 Pb 含量较低。Lindberg 等和刘德绍等研究发现，植物叶片中的 Hg 含量比其他组织高，从而认为植物主要是通过叶片从大气中吸收 Hg。

（二）蔬菜吸收重金属存有差异的机理

大多数重金属对蔬菜的毒理作用主要是通过其与酶或其他蛋白中的巯基结合而使酶蛋白失活，酶的功能减弱或丧失，从而引起蔬菜生理代谢功能的紊乱，生长发育受阻甚至死亡。但是，不同生物体对重金属胁迫有不同的响应机制，而且重金属本身对蔬菜生理功能的影响也不同，所以不同的重金属元素在同一种蔬菜中的积累水平不同。例如，Cu、Zn 等为叶绿体组成元素，具有营养和污染双重作用，植株体内适量的 Cu、Zn 是蔬菜保持良好生长发育的保证。而同一种重金属的不同形态对蔬菜的影响也不同。刘德绍等的研究表明，大气中的 Hg 比土壤中的 Hg 更容易被蔬菜富集。植物体的响应机制主要有四大方面：① 细胞壁的沉淀。细胞壁是重金属离子进入植物体内的第一道屏障，它的沉淀作用可能是一些植物耐重金属的原因，这种作用阻止重金属离子进入细胞原生质，而使其免受伤害。细胞壁对重金属具有沉淀作用的主要原因是，细胞壁上的一些带负电的基团对阳离子有吸附作用。② 减少对离子的吸收。如 De Vos 等对麦瓶草属植物的研究表明，其耐性细胞内积累的速度明显低于敏感植物。③ 重金属在植物体内的区域化分布。有些植物可以将重金属积累于茎和衰老的叶中，但是更多的植物是将重金属积累于根部。在植物细胞内，重金属也可以通过分布于细胞的特定区域如液泡等，降低原生质中的含量，达到解毒的效果。比如，庭芥属植物用 Ni 处理时，72% 的 Ni 分布在液泡中。④ 重金属进入植物体内后，植物通过有机酸、氨基酸、蛋白质、多肽等有机物结合重金属以达到解毒的目的。与小分子配体形成毒性较小的络合物是植物减轻重金属毒害的重要途径。对重金属的响应途径不同导致了不同植物吸收重金属的差异。

第四节　大气颗粒物中重金属的生态地球化学行为

大气颗粒物按照粒径大小划分，可分为 TSP、PM 10 和 PM 2.5 等不同粒径范围。大气颗粒物中的金属污染物具有不可降解性，并可通过呼吸进入人体，造成各种人体机能障碍，甚至引发各种疾病，是影响人类健康的重要因素，如 As、Cr、Ni、Pb 和 Cd 具有一定的致癌能力，As 和 Cd 对人体有潜在致畸作用，而 Pb 和 Hg 对胎儿有毒性作用。目前频繁的交通运输、风沙尘、密集的工业生产和人类其他活动导致城市大气遭受严重的金属元素污染，使得大气颗粒物金属元素行为研究成为环境科学者所关注的热门课题，并在大气颗粒物金属元素来源、分布特征、富集规律、环境活性、迁移转化等方面积累了较多的研究成果。

一、来源

（一）大气颗粒物排放源分类

按照环境管理需求对颗粒物排放源进行分类，一般可将颗粒排放源分为固定燃烧源、生物质开放燃烧源、工业工艺过程源、移动源。其中，固定燃烧源包括电力、工业和民用等，以及煤炭、柴油、煤油、燃料油、液化石油气、煤气、天然气等燃料类型。工业工艺过程源包括冶金、建材、化工等行业。

（二）大气颗粒物重金属来源

根据大气颗粒物中金属元素的来源差异，将其分为地壳元素和污染元素两大类。地壳元素主要来自土壤分化、建筑工地地面扬尘、沙尘等，与地表的分化作用关系密切，包括 Al、Fe、Mn、Ca、Mg、Na、Ti、K、Si 等。污染元素主要来源于人类的工业活动、矿业活动、燃煤燃烧、垃圾焚烧和汽车尾气等，包括 Hg、Cu、Pb、Cr、As、Zn、Se、Cd 等。机动车是城市重金属污染的重要来源之一，其排放主要来自 6 个途径：① 机动车辆直接排放，是大气 Pb、Zn、Cu 和 Cd 含量升高的重要因素；② 车辆行驶引起的二次扬尘，也是大气 Pb、Zn 和 Cu 的重要来源；③ 燃料添加剂如四乙基铅、四甲基铅和甲基环戊二烯三羰基锰等抗爆剂的燃烧排放；④ 润滑油添加剂，润滑油通常含有二硫代磷酸锌盐等抗氧化剂及分散剂，镉盐主要作为含锌添加剂的杂质存在于润滑油，这些是公路 Zn 和 Cd 重要来源；⑤ 轮胎磨损，轮胎通常含有二乙基锌盐或二甲基锌盐等抗氧化剂，刹车的磨损会造成 Cd、Pb 和 Cu 污染；⑥ 汽车配件磨损和腐蚀，防腐镀锌汽车板的广泛使用产生大量含锌颗粒。

二、分布

（一）时间分布规律

1. 季节变化

由于气候变化、人为因素以及来源不同，金属元素在大气颗粒物中的时间分布变化显著，总体上呈现冬季＞秋季＞春季＞夏季的特点。原因是：① 中国大部分城市夏季为湿季，湿沉降较强；② 夏季地表植被茂盛，土壤源相对减弱；③ 冬季寒冷，燃煤量较大，尤其是北方城市，人为源排放的污染物较多。Hao 等报道青岛市气溶胶中的微量元素最大平均值均出现在冬季，而夏季最低。不同元素的季节分布规律不同，例如，北方地区尤其是受沙尘影响的地区，地壳元素如 Al、Si、Mg、Ca、Fe 等在春季表现出较高的浓度；而由于居民供暖时间长，北京、长春等城市 Zn、Hg、As 等污染元素在采暖期明显高于非采暖期；北京采暖期大气颗粒物中 As、Se、Mo、Cd 浓度较采暖前上升 2 倍以上，采暖期燃烧源的贡献增强，地壳源的贡献减弱。而在南方地区，地壳元素的季节变化并不明显，而污染元素分布则呈现一定的规律性。如沈轶报道上海市大气 PM2.5 中的 Cu、Zn、Pb 等元素浓度的季节变化具有一定的规律性，而 Fe 和 As 元素浓度的季节变化规律并不明显。

2. 日变化

大气颗粒物中金属含量存在明显的日变化特征，不同元素的日变化特征不同。地壳元素的日变化特征不明显，而人为污染元素受日照、降雨、人类活动、气候条件等因素的影响，日变异显著。李晓和杨立中报道成都市东郊大气颗粒物中 Pb、Cd、Hg、As 等的含量在 5：00—9：00 和 17：00—21：00 两个时段呈现双峰，其变化与人为活动、大气对流和湍流活动以及酸雨等因素有关。元素本身的性质也影响元素的时间变化规律，如 Zn 受污染源和气象条件的影响，日变化最剧烈。张丹等报道重庆市大气颗粒物中大部分金属元素的浓度值都是晴天偏高，尤其是污染元素如 Zn、Pb 等在晴天与雨天的比值超过了 2，而地壳元素 Na、Al、Si、Mg 的比值则相对较低，说明雨水对污染元素的洗脱效果明显大于地壳元素。杨勇杰等报道泰山顶大气气溶胶中 Na、Ca、Pb、Mg、Fe、Mn 等白天的浓度明显大于夜间，说明区域输送和大气边界层对流混合对气溶胶金属元素浓度变化具有明显影响。

(二) 空间分布规律

受气象条件的影响及人为源释放的影响，大气颗粒物中不同金属元素的空间分布差异很大。地壳元素的浓度在城市地区与非城市地区的差异不大，而污染元素的浓度在城市地区由于受工业污染源的影响要远高于非城市地区。一般来说，北方燃煤城市大气颗粒物中金属元素含量明显高于南方一般城市；重工业城市和大的综合型城市的大气颗粒物中金属元素污染较中小型轻工业城市以及农村地区严重。

大气颗粒物中金属元素含量在城市内部不同功能区差异较大，一般工业区＞交通区＞居民区＞郊区。杨水秀报道贵阳市大气降尘中重金属含量由高到低排序是：工业区＞商业区＞混合区＞清洁区。陶俊等报道重庆市大气颗粒物重金属含量在人群密集区和工业活动频繁的区域明显高于其他区域，说明城市重金属主要源于人为因素。元素的空间分布充分体现了与污染源地域分布的一致性。由于城市扩张、乡镇发展等原因，城市大气金属污染目前已呈现出郊区化趋势。

(三) 粒径分布规律

大气颗粒物中的金属浓度总体上表现出在细颗粒（＜2 μm）中高、在粗颗粒（＞2 μm）中低的特点。有 75%～90% 的重金属富集在 PM10 上，粒径越小，金属含量越高，对人类健康威胁越大。大气颗粒物在不同粒径上的分布规律受多种因素，如元素的性质、来源、动力学特征、形成条件等的影响。挥发性元素在粗细粒子中均有富集，但更容易富集在小于 1 μm 的细颗粒物上进入人体对人类造成危害。污染元素在细颗粒物上的累积比例比地壳元素大得多，并且细颗粒物能随大气进行远距离迁移，导致区域性污染。林俊等报道上海市大气颗粒物中来源于自然源（如土壤扬尘）的 Ca 和 Ti 主要分布于粗粒径上（＞2 μm），Cr、Mn、Ni、Zn、Cu、Pb 主要分布于 0.1～1.0 μm 细颗粒物上。徐宏辉等报道北京市颗粒物中金属的粒径分布主要由排放源的类型决定，来自土壤风沙尘和建筑尘等排放源的 Ca、Fe、Al、Mg 等在 3.3～5.8 μm（粗粒子）的粒径范围出现峰值，来自物质燃烧和燃煤等排放源的 K、Pb、As、Cd 在 0.65～1.1 μm（细粒子）的粒径范围出现峰值。Zn、Cu 和 Ni 在 $0.65 \sim 1.1~\mu m$ 和 $3.3 \sim 5.8~\mu m$ 的粒径范围出现双峰；Na、Mn、V 在各粒径分布比较均匀，是自然来源和人为污染共同作用的结果。

（四）垂直分布规律

气溶胶中不同元素在近地层的垂直分布有各自的特征，影响因子主要有气溶胶排放源的类型、气溶胶的粒径分布、城市下垫面的类型、城市的湍流输送特征和气象条件等。一般距离地面越高，大气颗粒物中金属元素浓度越低，表明地面是该金属元素的来源或主要来源；反之，随距离增高，金属元素浓度也提高，表明人为活动释放是该元素的主要来源。李尉卿等报道郑州市大气颗粒物中来源于生活燃气、金属冶炼、化工产品的制造和提纯等活动的 As、Cd、Pb、Se、Zn 等元素含量随高度的增加而增加，主要因这些元素随着烟气或烟尘排放、挥发或蒸发到高于近地层的大气中，被边界层的大气气溶胶吸附，而被富集、滞留在大气边界层下层的细粒子中；而来源于地壳分化的 Al、Ca、Co、Cu、Fe 等地壳元素则相反，其含量随高度的增加而降低，且变化幅度不明显。

三、存在形态

不同化学形态的金属元素具有不同的化学活性和生物可利用性。大气颗粒物金属元素对环境的危害首先取决于其化学活性，其次取决于其含量。目前国内主要采用 Tessier 的连续化学浸提法将大气颗粒物中的金属形态分为可交换态、碳酸盐结合态、铁锰氧化物结合态、有机态、残渣态 5 种形态。一般而言，可交换态和碳酸盐给合态容易被生物利用，对人类和环境危害较大；铁锰氧化物结合态和有机结合态较为稳定，但在外界条件变化时也可释放出来；残渣态非常稳定，几乎不被生物利用。当大气环境条件发生改变时，颗粒物上的金属元素可转化成不同的形态并溶出，对环境及人体产生危害。影响金属元素在环境中活性的因素主要有金属元素本身的性质、粒径大小、元素来源、外界环境条件等。大气颗粒物中各金属元素的环境活性差异很大，总体上，Cu、Pb、Zn、As 的环境活性较高，Cd、Cr 的环境活性较低。冯素萍等报道济南市大气颗粒物中 Cu、Pb、Zn、Cr、Mn 在不同区域中的形态分布差别较大，以残渣态为主。来源于自然源的金属元素主要以残渣态存在，而来自人为源的金属元素环境活性较高。颗粒粒径分布是影响重金属环境活性的重要因素，由于粒径小，其表面积大，其中的有毒有害物质往往比大颗粒物呈现更大的活性和毒性。可能与金属特性有关，不同元素在不同粒径上的活性差异较大，Cu、As 的环境活性随粒径增加而降低，Zn 的环境活性与粒径关系不明显，Cd、Cr 的环境活性在各粒径中无明显变化。大气颗粒物粒径越小，越容易被人体吸收，因此重金属化学形态的分布与粒径的关系研究受到关注。

四、迁移转化方式

大气颗粒物通过干湿沉降可转移到地表土壤和地面水体中，并通过一定的生物化学作用，将重金属转移到动植物体内。由于进入生态系统中的重金属会通过食物链传递危害人体健康，因此有关生态系统重金属污染物循环迁移累积规律的研究已成为环境科学领域的热点问题。大气颗粒物作为影响生态系统重金属累积的外援因子之一，对生态系统重金属累积具有重要意义。据 Kloke 的报道，在许多工业发达国家，大气沉降对生态系统中重金属累积的贡献率在各种外源输入因子中排列首位。Miguel 等曾建立数学模型对大气颗粒物中的重金属在城市生态环境各圈层之间的循环通量进行了定量研究。

重金属的化学形态在一定的环境条件下可发生转化。吕玄文等的研究表明，大气颗粒物经过酸雨浸泡后，Cu 的可交换态含量迅速增加，而碳酸盐结合态、残渣态的含量由于向可交换态转变而减少；在湖水浸泡条件下，Cu 的铁锰氧化物结合态含量大幅增加，有机结合态含量也有明显增加，残渣态的含量大幅减少。这说明在氧化或还原条件下，重金属的化学形态可发生相互转化，同时其对环境的危害性也发生了相应的改变。

五、生态效应

大气颗粒物可通过干湿沉降进入地表或水体中，然后通过生物化学过程，将金属元素带入动植物体内，最终通过食物链进入人体。在很多工业区，大气沉降是生态系统中金属元素沉积的主要因素。大气颗粒物附着的重金属量与土壤中累积的重金属量呈一定正相关性，这说明在颗粒物污染严重的地区，由大气沉降输入到土壤中的重金属不能忽视。余涛等报道沈阳市典型地区 TSP 中 Pb、Cu、Cr 的含量与土壤中的含量显著正相关，其中 Cd、Pb 元素在 TSP 和土壤中的含量相关系数分别为 0.709 和 0.715，但是 Mn 在 TSP 和土壤之间的相关性不高，这和不同元素的沉降特性有关，同时，高金属含量的大气颗粒物还会沉降在农作物上，对农作物带来生态危害。大气颗粒物中金属元素在土壤中的累积效应与大气颗粒物中金属元素的含量、降水、元素本身特性、地表特征、周边环境等多种因素有关。杨勇杰等报道长春市大气中 As、Cd、Cr、Cu、Hg、Pb 和 Zn 的年干湿沉降量的平均值明显高于北美和欧洲，且 As、Cd 和 Cr 在采暖期的日均干湿沉降量高于非采暖期，Zn 在表层土壤中的累积最明显。冬季京津冀地区大气颗粒物中 Al、Fe、Mn、K、Na、Ca、Mg 等地壳元素干沉降通量明显高于 Cu、Pb、Cr、Ni、V、Zn 等人为源元素。同时，大气重金属污染也容易造成植物叶片中重金属的富集。庄树宏等对大气中重金属的相对含量与植物叶片中重金属的富积总量进行相关性分析发现，大气中 Pb、Cu 和 Zn 的相对含量与植物叶片中三者的富积总量呈显著正相关性。因此，人们选择对环境反应灵敏的植物作为环境监测器，用来指示和监测大气污染状况及其与地方病之间的关系。Wappelhorst 等利用原东德、波兰、捷克和斯洛伐克接壤的被称为"黑三角"地带的苔藓样品的金属元素含量变化图的数据，对各种疾病发病率进行校正运算，发现苔藓中元素 Ce、Fe、Ga 和 Ge 的含量与当地心血管疾病和呼吸系统疾病的发病率呈正相关关系。大气重金属污染是引起某些疾病的重要原因。龙潭等对印度孟买不同地区大气环境中的有毒金属的含量变化与某些疾病的关系进行研究，发现大气中重金属含量的增加可导致感冒、头痛及眼部刺激症状等的发病率上升，同时也增加了高血压、心脏病的发病率。

第五节　人体重金属的生态地球化学行为

重金属存在于地球物质中，如土壤和灰尘等，并通过各种途径转移至人体内，它们的暴露途径主要包括胃肠道（摄取）、呼吸道（吸入）和皮肤（经皮吸收）。下面分别论述微量元素暴露于人体的途径及其毒理动力学。

一、胃肠道（摄取）

总体而言，大多数地球物质是在不注意的情况下被吸收的，如婴儿或小孩通过手到嘴的接触而吸收的颗粒物，或颗粒物随着食物被吸收（如残留在蔬菜中的土壤）。

通过咀嚼把吸收的地球物质分解为小颗粒（直径小于1mm），这增加了被吸收物质与唾液和消化液发生化学反应的表面积，而且也增加了污染物的生物可给性。被吸收物质的颗粒结构和大小分布决定了它们的归趋。

大多数被吸收物质在胃部被溶解，在肠道，溶解性物质被吸收。但是，溶解在胃里的物质通过肠道内衬也不会被全部吸收，而是以脂溶（非电离的）形式通过肠道壁简单扩散进入血液，这是基于它基础特征的功能。例如，一种弱酸主要以非电离的形式存在胃里，而且以电离形式存在肠道内，但是，碱在胃里被电离化，在肠内被非电离化。由于在肠道内有较多的碱性和更少的氧化条件，溶解在酸中的物质，有可能通过减少胃的氧化条件随后作为固体沉积或吸附在肠道内的固体上。

由于饮食中的其他微量元素和化学物的存在或缺乏，人体对必需微量元素如锌、铜和硒的肠胃吸收、利用和保持也相应地提高或减少。例如，当饮食中的钙、铁和磷酸盐的吸收量很小时，就要提高镉和铅的吸收。例如，肌醇六磷酸是一种在未精炼的谷物中含量很高的有机磷酸盐，尤其当饮食中的钙含量很高时，它不仅有助于抑制潜在毒性元素如铅和钙的吸取，而且还阻止对必需元素锌的吸取。

二、呼吸道（吸入）

人体吸入的地球物质的健康效应是由被吸入物质的类型所决定的（固体、液体和气体），包括吸入气体中的物质的浓度、物质的化学组成、在呼吸道液体中物质的溶解度和活性，以及固体颗粒物的外表和大小的分布。

大量研究证实，固体物质的外表和大小影响了它们在呼吸道被运送的距离和被各种机制清理的程度。最大的吸入颗粒（5～7 mm，有时甚至超过 10 mm）沉积在鼻咽道的黏液内衬。通过在粘液内衬层的诱捕行动，较小的颗粒越来越多地沉积在较深呼吸道的气管、支气管里。直径小于 2 mm 的颗粒能进入肺部最深的气泡中，与氧气和二氧化碳气体发生剧烈的交换。这些直径非常小的颗粒能被气泡捕获或者被呼出。颗粒物在呼吸道的沉积引发了越来越多的血浆或者提高粘液分泌物的清理能力。

人体可通过可溶颗粒物的溶解、物理清理或者通过巨噬细胞的噬菌作用（颗粒物的卷入），对沉积颗粒物进行清理。有人发现，通过可溶颗粒物的溶解释放的溶质由粘液保留或者通过呼吸道的上皮细胞的吸收进入人体。巨噬细胞包含了带酸性 pH 的溶酶体和消化酶，如酸性水解酶，其移动细胞的目的是消化或清理吸入的颗粒物。

通过打喷嚏、喘气、经过鼻孔渗出或流入咽，颗粒物被消化。装载颗粒物的粘液部分是通过咳嗽从气管和支气管清理的。此外，顺着气管、支气管和细支气管排列的细胞是有纤毛的，纤毛的拍打把装载颗粒物的粘液运入或运出呼吸道。通过咳嗽或黏膜纤毛清理，颗粒物被咳出或者被咽下。存在于气管、支气管中的一些巨噬细胞也能捕获一些颗粒物。

在气泡里，捕获的颗粒物通过液体气泡内衬溶解或者通过小泡状的巨噬细胞的噬菌作用被清理。成功吞没吸入的颗粒物的巨噬细胞与一些没有被吞噬的颗粒物在气孔上方同样被清理，或者进入肺部空隙处、淋巴系统或血管。一旦巨噬细胞吞噬颗粒物，它们将释放化学物质进入周围的上皮组织，把其他巨噬细胞复原到能吞没其他外来颗粒物的位置。不断增加的颗粒物和复原巨噬细胞加重肺部气泡空间的炎症，降低颗粒物的清理率和减少肺部搬运气体的容量。

在最近几年，专家们越来越注意极其细小的、直径小于 100 nm 的颗粒物的潜在健康效应。用细小的和极其细小的同样颗粒物的化合物如金属镍做体内实验表明，给定相同的剂量，比起细小的颗粒物，极其细小的颗粒物能引起更严重的炎症。这可能是由于极其细小颗粒有相对较大的表面区域，它们能阻止吞噬细胞，提高氧化强度，加重肺部上皮组织的炎症和允许极其细小颗粒物更容易扩散到肺部的间质。Aust 等人（2002）发现，越来越多的化学反应作用于粉煤灰极其细小的微粒、城市颗粒物和柴油机燃料颗粒物。暴露于各种技术产生的纳米颗粒物的潜在健康问题也在不断讨论之中。

三、皮肤（经皮吸收）

经皮的暴露能直接经过皮肤或经过皮肤的伤口发生。一些气态的或液态的化学物质能直接经过皮肤被吸收。可溶解于汗水的物质也能被吸收。与皮肤作用的气体、固体和液体能引起一些健康问题，如从皮肤的发炎到过敏的反应，甚至到化学品的灼伤。例如，湿的碱性固体（如水泥或碱液）与皮肤的接触能通过液化骨疽处理导致严重的灼伤，它能皂化液体，改变蛋白质和胶原质细胞的本性。经过与呼吸道中的二氧化硫反应的无机酸（如硫磺、盐酸、硝石）形成的氢氯化物和氮氧化气体，经过脱水和加热产品才能引起蛋白质性质改变和细胞死亡从而导致组织损伤。此外，氢氟酸能引起细胞的坏死，氯化物离子能与组织中的二价阳离子反应使氯化盐沉淀从而中断细胞膜的作用。

通过皮肤的破裂而暴露能导致毒物的吸收。毒物或溶解在血浆中的有毒微粒能被快速吸收进入血液。例如，皮肤暴露于电镀工业中使用的含三价铬的酸能导致组织的损伤，然后允许六价的铬离子快速吸收，从而导致潜在急性铬中毒。

四、毒理动力学（ADME）

毒理动力学是研究在时间上依赖于一种毒物和它最终响应或效应的生理过程。该生理过程，通常涉及 ADME，包括吸收、分布、新陈代谢和排泄 4 个过程。当一种潜在的有毒物质来源于地球物质和在体内的转化时，它以化学形式强烈地影响其毒理动力学和在血液、器官和组织上的生物有效性，因此，指示了它的生态毒理效应。

因为一些物质能和体液、发炎的组织发生过敏反应，或与损伤的组织发生化学反应，所以它们在暴露点是有毒的。因为其他的物质不容易被人体清理，所以这些也是有毒的。这些类型的物质的毒理效应部分是由于人体不能使它们解毒或排泄。此外，这些物质也与人体发生缓慢的化学反应，导致对人体不利的效应。

第三章　重金属的健康风险评价及其健康效应

第一节　健康风险评价基础理论

健康风险评价的内容主要是估算污染物进入人体的数量、评估剂量与负面健康效应之间的关系。

一、人体污染物的摄取方式和机制

人体摄取污染物质的途径主要包括 3 条：口、呼吸和皮肤接触。通常采用不同类型剂量来表示污染物质进入人体各个阶段的数量。

潜在剂量指可能被人体吸收的污染物质的数量，在呼吸和饮食途径中，指达到或进入人体口鼻部分的污染物质数量；在皮肤接触途径中，指可能和皮肤接触的污染物质数量。实用剂量指实际达到人体皮肤表面、肺和胃肠的交换边界上可被吸收或利用的污染物质数量，与潜在剂量相比，实用剂量扣除了污染物质到达皮肤表面或肺泡和胃肠过程中的损失量。内部剂量指进入人体血液可与人体细胞等发生作用的污染物质数量，在皮肤暴露评价时，常被称为吸收剂量。有效剂量指污染物进入人体血液后，通过血液输运，部分可能进入人体细胞和器官并最终引起负面效应的污染物质数量。

无论通过何种途径，污染物质只有最终进入到人体血液中才会对人体健康产生影响。因此，原则上估计人体污染物摄取量应以内部剂量或吸收剂量为依据，即以污染物质透过肺泡呼吸膜、胃肠壁黏膜和皮肤进入血液的数量为依据。污染物在呼吸膜、胃肠壁黏膜和皮肤中的运动以扩散作用为主。如果将呼吸膜等以均质层对待，并假设介质和其中的污染物质互为独立扩散过程，且污染物质对这些扩散层不造成损伤，那么可以用费克第一定律（扩散定律）估算污染物质进入人体血液的数量。扩散通量可表示为：

$$J = K_m \Delta C \tag{3-1}$$

式中，J 为单位时间单位膜或皮肤表面积上通过的污染物质数量；ΔC 为膜或皮肤等两侧污染物质浓度差，即浓度梯度；K_m 为膜或皮肤的渗透系数，可表述为膜或皮肤—介质分配系数（$K_{m/v}$）、污染物质在膜或皮肤中的扩散系数（D）和扩散距离（l）的函数：

$$K_m = \frac{K_{m/v} D}{l} \tag{3-2}$$

以扩散定律为基础，通过动物活体实验或人体皮肤切片体外实验可以获得肺、肠胃和皮肤对受试物的吸收特征，从而得出污染物进入人体血液的数量和实验剂量之间的数量关系。呼吸途径、饮食途径和皮肤接触污染土壤的内部剂量常以实用剂量或潜在剂量乘以吸收分数（absorption fraction，ABS）表示。皮肤接触污染水体以实用剂量或潜在剂量乘以皮肤渗透系数表示。具体计算过程可参考美国国家环境保护局的暴露评估指南和皮肤暴露指南。

二、剂量—反应关系

污染物质对人体产生的不良效应以剂量—反应关系表示。对于非致癌物质，如具有神经毒性、免疫毒性和发育毒性等的物质，通常认为存在阈值现象，即低于该值就不会产生可观察到的不良效应。对于致癌和致突变物质，一般认为无阈值现象，即任意剂量的暴露均可能产生负面健康效应。

（一）非致癌效应

非致癌效应的阈值表征方法有 3 种：不可见有害作用水平（no observed adverse effect level，NOAEL）、最低可见有害作用水平（lowest observed adverse effect level，LOAEL）和基准剂量（benchmark dose，BMD）。传统上主要以实验所得的 NOAEL 和 LOAEL 表示，但由于这两种表述方法均为实验观察值，且没有考虑剂量—反应曲线的特征和斜率，不能真实地表达受试物的毒性与效应，有逐渐被基准剂量法取代的趋势。基准剂量是根据污染物质的某种接触剂量可引发某种不良健康效应的反应率发生预期变化而推算出的一种剂量，与 NOAEL 和 LOAEL 相比较，基准剂量法可全面评价整个剂量—反应曲线，并应用可信限来衡量变异因素。非致癌风险的标准建议值根据参考剂量/浓度（RfD/RfC）、可容忍日摄取量（TDI）和可接受日摄取量（ADI）等而定，它们均指单位时间单位体重可摄取的在一定时间内不会引起人体不良反应的污染物质最大数量，通常以 NOAEL、LOAEL 或基准剂量为依据，经过安全系数和不确定因子校正计算而得。美国国家环境保护局考虑人群个体差异、动物实验数据应用到人体、短期实验数据用于长期暴露以及由 LOAEL 代替 NOAEL 所带来的不确定性，采用下式计算参考剂量：

$$RfD = NOAEL/(UF_1 \times UF_2 \times UF_3 \times UF_4 \times MF) \tag{3-3}$$

UF 为不确定因子，取值 $1 \sim 10$；MF 为修正因子，取值为 $1 \sim 10$，主要反映由于其他不可知或不确定原因造成的不确定性。

（二）致癌效应

致癌效应的剂量—反应关系是以各种关于剂量和反应的定量研究为基础建立的，如动物实验学实验数据、临床学和流行病学统计资料等。由于人体在实际环境中的暴露水平通常较低，而实验学或流行病学研究中的剂量相对较高，因此，在估计人体实际暴露情形下的剂量—反应关系时，常常利用实验获取的剂量—反应关系数据推测低剂量条件下的剂量—反应关系，称为低剂量外推法。具体步骤为：第一步，分析实验或流行病学数据范围内所表现出来的剂量—反应关系，以此为低剂量外推确定一出发点（point of departure，POD）；第二步，以第一步确定的出发点为起始点，向低剂量方向外推，建立低剂量条件下的剂量—反应关系。

出发点为实际观察数据范围内靠近低剂量端的一估计剂量值，一般选择肿瘤发生率为 10% 所对应的剂量值的置信度为 95% 的双侧置信区间的置信下限为出发点。

实验数据的剂量—反应关系的建立常常采用毒理动力学方法或经验模型。如果有充分的证据确定受试物的作用模式，可较准确描述肿瘤出现前各种症候发生的速率和顺序（即毒理效应发生的生物过程）时，可采用毒理动力学方法。经验模型指对各种剂量下的肿瘤发生率或主要症候出现率进行曲线拟合，是一种统计学方法。当建立起了实验数据的剂量—反应关系曲线后，即可确定出发点，采用低剂量外推法推测低剂量条件下的剂量—反应关系。低剂量外推法包括线性和非线性两种模型。模型的选择主要基于污染物的作用模式。当作用模式信息显示低于出发点剂量的剂量—反应曲线可能为线性，则选择线性模型。如污染物为 DNA 作用物或具有直接的诱导突变作用，其剂量—反应曲线常常为线性。当证据不充分，对污染物的作用模式不确定时，线性模型为默认模型。当充分的证据表明污染物的作用模式为非线性，且证实该物质不具有诱导突变作用时，可采用非线性模型。由于某些物质同时对不同的器官具有致癌作用，则可根据作用模式的不同，分别采用线性和非线性模型。此外，当有证据证实在不同的剂量区间内，污染物对同一器官的作用模式分别为线性和非线性时，可以结合使用线性和非线性模型。

线性模型直观表示为连接原点和出发点的直线，其斜率为斜率因子（slope factor，SF），表示不同剂量水平的风险上限，可用于估计各种剂量下的风险概率。非线性外推可用于计算参考剂量或参考浓度。

第二节　重金属的健康风险评价模型

健康风险评价的内容主要包括估算污染物进入人体的数量、评估剂量与负面健康效应之间的关系。具体步骤通常包括风险识别、暴露分析、毒性评价和风险评价。下面介绍不同环境介质中重金属的健康风险评价模型。

一、土壤重金属的健康风险评价模型

土壤中的重金属主要通过食物链、经口摄入（手—口的直接接触活动，特别是儿童）以及呼吸和皮肤接触进入人体。而在评估土壤重金属引起的健康风险时，经口摄入在很多情况下成为主要的暴露途径。我国目前评价土壤重金属对人体健康的危害风险主要利用重金属总量（以 w 计）来计算，而经口摄入的重金属不可能被人体消化系统 100% 吸收，因此生物可给性能更准确地评价重金属的危害风险。重金属生物可给性指土壤重金属直接进入人体的消化系统并可被人体胃肠道溶解出的部分。目前已有几种简易体外试验模型来模拟重金属的生物可给性，如 Ruby 等提出用 PBET（physiologically based extraction test）方法模拟重金属在胃和小肠阶段的生物可给性；许多研究人员也用模拟胃液的 SBET（simple bioavailability extraction test）方法来评估重金属生物可给性。利用生物可给性评价土壤重金属对人体的健康风险已经成为人体健康风险评估的重要方法之一，欧美国家正在探讨将重金属对人体的生物可给性的体外试验结果应用于健康风险评价工作。重金属通过土壤进入人体后所引起的健康风险评价模型包括致癌物所产生健康危害的风险模型和非致癌物所产生健康危害的风险模型。

（一）暴露途径确定及其摄入量计算

（1）经口鼻直接摄入土壤，不慎摄入土壤可按成人 100 mg/d 计。因不慎摄入土壤而摄入的土壤污染物 EDI［mg/(kg·d)］，可按下式计算（假设在该地平均待的时间是 30 年）：

$$EDI = \frac{CS \cdot IR \cdot CF \cdot EF \cdot ED}{BW \cdot AT} \tag{3-4}$$

式中，CS 为土壤表层化学物质浓度，单位是 mg/kg；IR 为土壤摄入量，单位是 mg/d；CF 为转换系数，单位是 kg/mg；EF 为暴露频率，单位是 d/a；ED 为暴露年限，单位是 a；BW 为体重，单位是 kg；AT 为平均作用时间，单位是 d。表 3－1 所示，是本研究中各个参数的取值。

表 3－1 不同暴露途径的健康风险评价参数

经口鼻摄入	取值	皮肤接触	取值
IR（mg/d）	100	AF（mg/cm^2）	1
CF（kg/mg）	10^{-6}	CF（kg/mg）	10^{-6}
EF（d/a）	350	EF（d/a）	350
ED（a）	30	ED（a）	30
BW（kg）	55.9	BW（kg）	55.9
AT 非致癌作用（d）	365（d/a）·30	AT 非致癌作用（d）	365（d/a）·30
AT 致癌作用（d）	365（d/a）·70	AT 致癌作用（d）	365（d/a）·70
—	—	SA（cm^2/d）	5000
—	—	ABS	0.001

（2）皮肤接触，通过皮肤直接接触土壤后因皮肤吸收而摄入土壤污染物。直接接触土壤的皮肤面积按成 5000 cm^2 计算，可用下式计算皮肤直接接触土壤而摄入的污染物的量 EDI［mg/（kg·d）］：

$$EDI = \frac{CS \cdot CF \cdot SA \cdot AF \cdot ABS \cdot EF \cdot ED}{BW \cdot AT}$$

式中，CS 为土壤表层化学物质浓度，单位是 mg/kg；CF 为转换系数，单位是 kg/mg；SA 为可能接触土壤的皮肤面积，单位是 cm^2/d；AF 为土壤对皮肤的吸附系数，单位是 mg/cm^2；ABS 为皮肤吸附系数；EF 为暴露频率，单位是 d/a；BW 为体重，单位是 kg；ED 为暴露年限，单位是 a；AT 为平均作用时间，单位是 d。

（二）健康风险评价方法

1. 致癌风险评价

致癌风险评价值等于平均到整个生命周期后的平均每天摄入量 EDI 乘以经口、经皮肤等的致癌斜率系数（SF）计算得出。即：

$$RISK = EDI \cdot SF \tag{3－6}$$

其中，RISK 为致癌风险指数，表示人群癌症发生的概率，通常以一定数量人口出现癌症患者的个体数表示；EDI 为平均每天摄入量（按寿命周期 70 岁计），即人体终生暴露于致癌物质的单位时间单位体重的平均日摄取量 $[mg/(kg \cdot d)]$；SF 为各类（经口、经皮肤）致癌风险斜率系数。

目前，皮肤暴露途径的非致癌参考剂量（RfD）采用经口摄入途径的剂量（$RfD_口$）估算。其计算式为：$RfDABS = RfD_口 \times ABSGI$。其中，$ABSGI$ 指经肠胃吸收的污染物分数。不同污染物的 $ABSGI$ 不同，在无法获取 $ABSGI$ 值的情况下，基于充分保护人体健康的考虑，美国国家环境保护局推荐采用 100% 来计算。因此，皮肤暴露途径非致癌参考剂量均采用经口摄入途径的非致癌参考剂量（$RfD_口$）。

2. 非致癌风险评价

非致癌风险值将通过每天摄入量（平均到整个暴露作用期）处于每一途径的慢性参考剂量来计算，公式如下：

$$RISK = \frac{EDI}{RfD} \qquad (3-7)$$

其中，$RISK$ 是非致癌风险指数，其数值的大小表示风险的大小，当 $RISK < 1$ 时，认为风险较小或可以忽略，$RISK > 1$ 时，认为存在风险；EDI 为每天摄入量（平均到整个暴露作用期），单位是 $mg/(kg \cdot d)$；RfD 为参考剂量，单位是 mg/kg，当 $RfD > 1$ 时，认为存在风险。每个化学物质总的非致癌风险等于通过各种途径非致癌风险值的总和。表 3-2 所示，是各重金属健康风险评价的风险斜率系数和参考剂量。

表 3-2　各重金属健康风险评价风险斜率系数和参考剂量

重金属	$SF_{经口}$	$RfD_{经口}$	$SF_{皮肤}$	$RfD_{皮肤}$
As	1.5	0.0003	1.5	0.0003
Cd	6.1	0.0010	6.1	0.0010
Cr	—	0.0050	—	0.0050
Cu	—	0.0380	—	0.0380
Hg	—	0.0003	—	0.0003
Zn	—	0.3000	—	0.3000
Pb	—	0.0140	—	0.0014

注：参照《工业企业环境质量风险评价基准》。

3. 风险叠加

当存在多种致癌或者非致癌物质，并且经过多种途径暴露时，可以按照下式对各种风险进行叠加，这种叠加基于一个假设，即各污染物质之间不存在拮抗作用和协同作用。

$$RISK_T = \sum_{j=1}^{n} \sum_{i=1}^{n} RISK_{i,j}$$

其中，$RISK_T$ 表示有多种物质引起的，在多种暴露途径下的致癌或者非致癌总风险；j 表示不同的致癌或者非致癌物质；i 表示不同的暴露途径。

二、蔬菜重金属的健康风险评价方法

重金属每人每天平均摄入量与食物中重金属的含量和对应食物的消耗量有关。经蔬菜摄入重金属量采用日人均摄入量（Daily intake，DI）来计算。公式表达如下：

$$DI = C_{metal} \times W_{food} \qquad (3-9)$$

式中，C_{metal} 为食物中重金属的含量，单位是 mg/kg；W_{food} 为食物的消耗量，根据广东省标准每人每天平均食物摄入量调查，城市和农村每人每天平均蔬菜摄入量分别为 313.8 g 和 273.8 g；按照家庭人均年经济收入的高低来区分，高、中、低收入家庭标准每人每天平均蔬菜摄入量分别为 322.5 g、294 g 和 270.3 g。

THQ（Target hazard quotients）靶标危害系数方法是一种用于评估人体通过食物摄取重金属风险的方法，该方法是依据 USEPA（2000）建立的风险分析方法。THQ 方法公式表达如下：

$$THQ = \frac{EF_r \times ED \times FI \times MC}{RfD_O \times BW \times AT} \times 10^{-3} \qquad (3-10)$$

式中，EF_r 为接触频率，单位是 d/a；ED 为平均人寿，假设为 70 a；FI 为消化食物的比率，单位是 g/(person·d)；MC 为食物中重金属含量，单位是 μg/g，湿重；RfD_O 为参比剂量，单位是 mg/(kg·person)，Pb 为 0.004 mg/(kg·d)（USEPA，2000）；BW 为人体平均体重，成人为 56 kg；AT 为平均接触时间，365（d/a）×暴露年数（本研究设定为 70 年）。计算结果 $THQ < 1$，则认为人体负荷的重金属对人体健康造成的影响不明显。

三、水体重金属的健康风险评价方法

水环境健康风险评价模型根据污染物的特性分为基因毒物质评价模型和躯体毒物质评价模型，公式分别为：

$$R_i^c = [1 - \exp(-D_i q_i)]/70 \qquad (3-11)$$

式中，R_i^c 为基因毒物质 i 通过食入途径对个人的平均致癌年风险，单位为 a^{-1}；D_i 为基因毒物质 i 通过食入途径的单位体质量日均暴露剂量，单位为 mg/(kg·d)；q_i 为基因毒物质通过食入途径致癌系数，单位为 mg/(kg·d)；70

为人类平均寿命，单位为 a。

$$R_i^n = (D_i/RfD_i) \times 10^{-6}/70 \qquad (3-12)$$

式中，R_i^n 为躯体毒物质 i 通过食入途径对个人产生的平均健康危害年风险，单位为 a^{-1}；D_i 为躯体毒物质 i 通过食入途径的单位体质量日均暴露剂量，单位为 $mg/(kg \cdot d)$；DfD_i 为躯体毒物质 i 通过食入途径参考剂量，$mg/(kg \cdot d)$；70 为人类平均寿命，单位为 a。饮水途径的单位体质量日均暴露剂量（D_i）可按下式计算：

$$D_i = 2.2 \times C_i/70 \qquad (3-13)$$

式中，C_i 为饮用水中各重金属的实测浓度；2.2 为成人每日平均饮水量，单位为 L。

评价模型污染因子和参数的确定，文中只涉及重金属污染物通过饮水途径对人体健康的危害，其中化学致癌物有 Cd、As 和 Cr，非致癌物有 Hg、Cu、Zn 和 Pb。根据国际癌症研究机构（IARC）和世界卫生组织（WHO）编制的分类系统，致癌物质的致癌强度系数和非致癌物质参考剂量见表 3-3。

表 3-3　模型参数及其值

致癌物质	饮水途径 q_i [mg/(kg·d)]	非致癌物质	饮水途径 RfD_i [mg/(kg·d)]
Cd	61	Pb	1.4×10^{-3}
As	15	Hg	3×10^{-4}
Cr	41	Zn	0.3
—	—	Cu	5×10^{-3}

表 3-4 列出了部分机构推荐的对社会公众成员最大可接受风险水平和可忽略风险水平。最大可接受风险水平为 $1 \times 10^{-6} \sim 1 \times 10^{-4}\ a^{-1}$，可忽略风险水平为 $1 \times 10^{-8} \sim 1 \times 10^{-7}\ a^{-1}$。

表 3-4　部分机构推荐的最大可接受风险水平和可忽略风险水平

机构	最大可接受风险水平（a^{-1}）	可忽略风险水平（a^{-1}）	备注
瑞典环境保护局	1×10^{-6}	—	化学污染物
荷兰建设和环境部	1×10^{-6}	1×10^{-8}	化学污染物
英国皇家协会	1×10^{-6}	1×10^{-7}	
美国国家环境保护局（USEPA）	1×10^{-4}	—	辐射
国际辐射防护委员会（ICRP）	5×10^{-5}	—	

四、大气颗粒物重金属的健康风险评价方法

模型假设居民主要通过手—口摄食、皮肤接触和吸入这 3 种暴露途径摄入大气降尘重金属。暴露公式计算如下：

$$ADD_{ing} = C \times \frac{EF \times ED}{AT \times BW} \times IngR \times CF \qquad (3-14)$$

$$ADD_{inh} = C \times \frac{EF \times ED}{AT \times BW} \times \frac{InhR}{PEF} \qquad (3-15)$$

$$ADD_{derm} = C \times \frac{EF \times ED}{AT \times BW} \times SL \times SA \times ABS \times CF \qquad (3-16)$$

$$LADD_{inh} = C \times \frac{EF}{PEF \times AT} \times \left(\frac{InhR_{child} \times ED_{child}}{BW_{child}} + \frac{InhR_{adult} \times ED_{adult}}{BW_{adult}} \right)$$

$$(3-17)$$

式中，ADD_{ing} 为手—口摄食途径的降尘颗粒日平均暴露量，单位为 mg/(kg·d)；ADD_{inh} 为吸入途径的降尘颗粒日平均暴露量，单位为 mg/(kg·d)；ADD_{derm} 为皮肤接触途径的降尘颗粒日平均暴露量，单位是 mg/(kg·d)；$LADD_{inh}$ 为致癌重金属吸入途径的终身日平均暴露量，单位为 mg/(kg·d)；其他参数的含义和取值见表 3-5。在参数选择时综合考虑 USEPA 提出的土壤评价标准以及根据我国情况修正后的参数。

表 3-5　重金属日平均暴露量计算参数含义及其取值

项目	参数	含义	单位	儿童取值	成人取值
基础参数	C	重金属浓度	mg/kg	95% UCL	95% UCL
	EF	暴露频率	d/a	350	350
暴露行为参数	ED	暴露年限	a	6	24
	AT	平均暴露时间	d	$365 \times ED$（非致癌作用）365×70（致癌作用）	$365 \times ED$（非致癌作用）365×70（致癌作用）
	BW	平均体重	kg	15	55.9
	CF	单位转换	kg/mg	1×10^{-6}	1×10^{-6}

续表 3 - 5

项目	参数	含义	单位	儿童取值	成人取值
手—口摄食	$IngR$	摄食降尘速率	mg/d	200	100
	$InhR$	呼吸速率	m³/d	7.63	12.8
	PEF	颗粒物排放因子	m³/kg	1.32×10^9	1.32×10^9
皮肤接触	SL	皮肤黏着度	mg/cm²	0.2	0.07
	SA	暴露皮肤面积	cm³/d	899	1701
	ABS	皮肤吸收因子	无量纲	0.001	0.001

注：成人皮肤暴露面积按照男女比例1:1平均后得出。

重金属的非致癌及致癌风险的具体表达如下式所示，研究中使用慢性中毒的参考剂量用以评价非致癌风险。假定受体接触的物质剂量在参考值内，就认为没有危害；若超过参考值，则具有风险。对暴露在街尘中的致癌风险的评价，使用终身的日平均暴露量进行计算。

$$HQ_{ij} = ADD_{ij}/RfD_{ij} \qquad (3-18)$$

$$HI = \sum_{i=1}^{n} \sum_{j=1}^{m} HQ_{ij} \qquad (3-19)$$

$$RISK = LADD \times SF \qquad (3-20)$$

式中，HQ_{ij} 为非致癌风险，表征单种污染物通过某一途径的非致癌风险；ADD_{ij} 为单种污染物的某一途径的非致癌风险量；RfD_{ij} 为该途径的参考剂量，表示在单位时间、单位体重摄取的不会引起人体不良反应的污染物最大量，单位为 mg/(kg·d)；HI 为某种污染物多种暴露途径下总的非致癌风险，是为所有途径所有污染物总非致癌风险的和，一般认为，当 $HQ_{ij} < 1$ 或 $HI < 1$ 时，风险较小或可以忽略，$HQ_{ij} > 1$ 或 $HI > 1$ 时，则认为存在非致癌风险；斜率系数（SF）表示人体暴露于一定剂量某种污染物下产生致癌效应的最大概率，单位为 mg/(kg·d)；$RISK$ 为致癌风险，表示癌症发生的概率，通常以单位数量人口出现癌症患者的比例表示，若 $RISK$ 为 $10^{-6} \sim 10^{-4}$（即每1万～100万人增加1个癌症患者），则认为该物质不具备致癌风险。

第三节　重金属与人体健康

许多重金属属于人体必需的微量元素，一旦缺少某种或某几种，就会使人体健康受到威胁。但无论是必需元素还是有毒元素，人体对它的耐受都有一个阈值，超过这个阈值便会对健康造成危害。

一、重金属与人体健康

（一）微量重金属与人体健康

微量重金属元素与人体生命过程有着密切关系，虽然它们在体内的含量非常微小，但其生理功能独特，能够调节机体内的生物酶活性，促进宏量元素在体内的运输，参与激素的合成等，在新陈代谢中起着十分重要的作用。研究表明，这些微量重金属元素相互影响，相互作用，参与体内多种酶的合成，增强机体的防御功能，提高免疫能力，减少疾病，保持人体健康。铜离子在胶原蛋白和弹力蛋白的合成中起着重要作用，它多以铜蓝蛋白的形式存在。妊娠妇女如铜不足，将导致羊膜和绒毛膜发育不良，胎膜脆性增加，弹力下降，使胎膜在孕期不能够承受日渐增大的压力而破裂，从而对母子造成不利影响。糖尿病人体内重金属元素钒和铬处于缺乏状态，钒和铬均具有胰岛素样作用，对糖代谢的作用表现在：① 促进葡萄糖通过细胞膜进入细胞内；② 促进葡萄糖磷酸化；③ 促进葡萄糖氧化；④ 促进糖原合成和抑制糖异生。钒和铬与脂肪及胆固醇代谢也密切相关，具有降血脂及增加高密度脂蛋白（HDL）的作用。缺乏钒和铬会引起体内甘油三酯、胆固醇水平升高，诱发高胆固醇血症和高脂血症。流行病调查统计表明，食用含钒和含铬较高的食物，则不会发生类似的病变。另外，铬酸配合中药生肌散用来治疗宫颈炎，也已取得满意效果。

（二）过量重金属对人体健康的危害——症状及机理

过量的重金属大多数都能够抑制生物酶的活性，破坏正常的生物化学反应。重金属通过空气、水、食物等渠道进入人体内，产生遗传毒性、生殖毒性等，极大地影响人群的健康和可持续发展。

1. 造成生殖障碍

微量重金属元素与男性生殖功能间的关系已经引起国内外研究者的广泛关注，精液中的微量重金属元素在男性生殖和生殖内分泌功能中的作用已成为男性生殖生理研究的重要新课题。

实验证明铜具有抗生育作用：低浓度二价铜离子对精子有相对性毒害；氧化铜可减少子宫颈分泌物的粘稠度，并且能够溶解子宫颈粘液，从而干扰精子的移动及受精卵着床；二价铜离子抑制分泌期子宫内膜细胞中碱性磷酸酶、碳酸酐酶及透明质酸酶的活性，提高增生期子宫内膜细胞中酸性磷酸酶的活性，影响生殖过程；子宫内膜吸收一部分二价铜离子后，可以干扰内膜细胞中其他微量元素（如锌、锰等）的含量和代谢。

钒及其化合物也具有一定的生殖毒性，尤其是造成男性的性腺毒性而影响其生殖能力。研究表明，铅对亲代生殖生理和生殖器官的功能也具有极大的危害。因此，铜、钒及其他重金属是造成人类生殖障碍的重要致病因子之一。

2. 影响胚胎正常发育

在母体受孕期间，如果过量接触重金属会引起流产、死胎、畸胎等异常妊娠。进入母体的重金属元素一旦经过胎盘转移，直接进入胎儿体内与胎儿接触，就会影响胚胎的正常发育。根据杨宵霖等的调查，环境铅污染对妇女生育功能的危害很大，长期生活在铅污染区的孕妇体内血铅、红细胞锌原卟啉（Zpp）和红细胞精氨酸酶（Arg）的值明显高于生活在无铅污染区的孕妇，而前者的胎儿成活率、成活胎儿出生体重及其妊娠周数等则明显低于后者。另外，孕妇铅暴露对胎儿期及出生后小儿智能发育的影响也较为严重。除铅外，汞也能够引起流产、死胎、畸胎等异常妊娠。

3. 威胁儿童健康

长期的环境铅暴露能够导致铅在人体组织中的沉积，特别是在骨骼、牙齿、肾脏和大脑中的积累。现在，人们的研究焦点集中在环境铅污染对儿童中枢神经系统的影响上，已经报道的关于环境铅污染对儿童中枢神经系统影响的证据，已成为公共卫生讨论环境铅污染标准的中心问题。许多研究揭示，亚临床的铅暴露与儿童的行为和智力有关，儿童长期接触低浓度的铅，可导致其行为功能改变，常见有模拟学习困难、空间综合能力下降、运动失调、多动、易冲动、注意力下降、侵袭性增加、智商下降。

铅是一种强烈亲神经性物质，其神经毒性明显早于其他器官系统，同时，引起行为功能损害的铅浓度显著低于细胞损害及形态改变所需的浓度。儿童处于大脑发育时期，血脑屏障不及成人健全，铅容易通过此屏障而进入大脑；同时，儿童脑部对铅积累所引起的毒性反应比成人敏感。铅可以作用于中枢神经系统的不同部位，导致中枢神经系统功能紊乱，而儿童心理活动是受中枢神经系统支配的，当儿童中枢神经系统受影响时，势必反映到神经行为功能的改变上，因此就产生了上述的儿童铅中毒症状。

环境镉污染对儿童健康的影响也是重金属毒理学研究的重要内容。刘春兰等对冶炼厂周围受污染的 A、B 两所小学空气、饮用水、灌溉水、土壤、大米、蔬菜中镉含量与儿童发镉、生长发育指标之间的相关性进行了调查分析（以 C 小学为对照），结果表明，A、B 两所小学儿童发镉含量均显著高于 C 小学，身高、体重、胸围、肺活量发育较 C 小学落后，其中肺活量差异尤其显著。同时，A、B 小学儿童体格发育的匀称度也较差。镉在体内的积累是一个慢性过程，随年龄增加而增多，由于儿童正处于生长发育时期，其机体与外界环境进行物质交换的能力较强，他们对重金属的反应较成人更为敏感，更容易受环境中重金属污染物的危害。

4. 威胁成人健康

环境中铅、锰、铜、汞、镉等重金属污染对成人健康的损害巨大，低剂量的这些污染物就能够使机体代谢发生紊乱，诱发疾病，甚至使人死亡。锰污染会引起肺炎和其他疾病。早在 1941 年，Kawamura 就曾报道日本的一个小团体 16 人因饮用锰污染的水发生锰中毒，其中 3 例死亡（包括 1 名自杀）。有学者分析了成人环境铅接触的健康危害，认为铅对成人神经系统、消化系统及心血管系统都有损伤作用，其中神经系统比其他系统更容易遭受铅毒害。

铜过剩可使血红蛋白变性，损伤细胞膜，抑制一些酶的活性，从而影响机体的正常代谢，并且还会导致心血管系统疾病。

镉中毒的典型症状是肾功能受破坏，肾小管对低分子蛋白再吸收功能发生障碍，糖、蛋白质代谢紊乱，引发尿蛋白症、糖尿病等；镉进入呼吸道可引起肺炎、肺气肿；作用于消化系统则引起肠胃炎；镉中毒者常常伴有贫血；骨骼中有过量镉积累会使骨骼软化、变形、骨折、萎缩；镉中毒也会引起癌症。

二、环境重金属的健康效应

（一）重金属汞（Hg）暴露的健康效应

人体汞暴露的健康影响取决于汞的化学形态、暴露的途径以及暴露的程度。

一般来说，汞的化学形态可划分为无机汞（元素汞 HgO、二价汞 Hg^{2+} 等）和有机汞（甲基汞等）。

1. 无机汞人体汞暴露及健康危害

无机汞的人体暴露，对普通人群而言，主要为补牙、服用一些中药、使用高汞含量的化妆品和香皂等。职业暴露，主要针对生产或者使用汞及其化合物的职业人群，如汞矿开采冶炼、氯碱车间、混汞法炼金的金矿、温度计厂、一些金属冶炼车间的工人及牙科医生等。无机汞进入体内的主要途径是呼吸、口腔摄取和皮肤吸收。呼吸是汞蒸气暴露的最重要途径，80%左右的吸入汞蒸气可以透过肺泡进入血液。

食物中的无机汞大约有7%通过口腔摄取而被吸收。通过皮肤吸收的汞蒸气仅仅是通过呼吸吸收的1%左右，但是使用一些高无机汞含量的美白护肤品也可以造成汞吸收和积累。

血汞和尿汞通常用来评价无机汞暴露。血液可作为人体近期汞吸收的内剂量标记物，尤其适合急性汞中毒时吸收剂量及病情判断。尿汞可作为慢性汞中毒体内剂量的良好标记物。对职业性汞暴露人员而言，世界卫生组织推荐的最大允许尿汞含量为 50 Lg/g，一般人群尿汞应低于 5 Lg/g。呼出大气被视为汞蒸气暴露的一个可能的生物标记物。

无机汞的毒性主要表现为神经毒性和肾脏毒性。中枢神经系统可能是汞蒸气暴露的最敏感的靶器官，比较典型的症状包括震颤、情绪不稳定、注意力不集中、失眠、记忆衰退、说话震颤、视力模糊、肌肉神经功能变化、头痛以及综合性神经异常等。肾脏和中枢神经系统一样，是汞蒸气暴露的要害器官。其他毒性包括致癌性、呼吸系统毒性、心血管疾病影响、消化系统毒性、免疫系统影响、皮肤毒性和生殖毒性等。

2. 甲基汞人体汞暴露及健康危害

人体甲基汞暴露的主要途径是食用鱼类及其他水产品，但也有其他来源的少量报道。贵州省汞矿地区居民食用稻米是其 MeHg 暴露的主要途径。甲基汞也存在于陆地动物的内脏器官以及鸡肉、猪肉中，这可能是以鱼肉作为家畜饲料饲养的结果。

尽管大多数关于 MeHg 吸收的研究指出鱼体内中近100%的 MeHg 能被吸收，但最近研究表明也可能存在一定的可变性。在已知摄入剂量的情况下，可以利用毒物动力学模型和生理—药物动力学模型（PBPK）来评估体内的汞负荷。毒物动力学模型的单一区间模型是一种稳定状态的模型，常用于预测血液里的汞浓度；PBPK 模型可以用来预测 MeHg 摄入的变化以及生理变化（如怀孕、成长）不同组织内的 MeHg 浓度。硒可能在 MeHg 的吸收和排泄过程中具有一定的作用，但是不同研究的结论并不一致。对于影响 MeHg 吸收的因素需要进行更深入细致的研究来弄清楚。

发汞和血汞都可作为 MeHg 暴露的有效生物标记。血液反映最近 1～2 个半衰期（半衰期为 50～70 天）的暴露量；而头发代表整个生长期的平均暴露水平。头发总汞的 80%～98% 是 MeHg，通常头发中汞的浓度是血液中的 250～300 倍。对头发的分段分析能提供时间序列的暴露水平，因为通常认为头发的生长速率为每月 1cm。最新的研究表明，对一根发丝采用 LA－ICP－MS 测量汞含量，其分辨率可以达到微米级，因此能够获得更多关于 MeHg 吸收和分布的信息。脚趾甲和手指甲中汞的浓度也可作为汞暴露的生物标记，大多用于 MeHg 对心血管影响的研究。

甲基汞的毒性主要为神经毒性，大脑和神经系统被视为发生甲基汞中毒的靶器官，甲基汞中毒的典型症状为末梢感觉错乱、视野收缩、运动性共济失调、构音障碍、听觉错乱以及震颤。世界卫生组织估计甲基汞中毒的临界血汞浓度为 200 Lg/L（相应发汞浓度约为 50 Lg/g）。水俣病的毒性作用使人们认识到胎儿暴露的致命性。对心血管影响的症状包括心血管疾病（冠心病、急性心肌梗塞、缺血性心脏病）、高血压以及心律变异性的改变。对生殖的影响，如在 20 世纪 50 年代和 60 年代，日本水俣市所有食鱼家庭出生的男性后代有所下降。免疫系统效应，研究表明 MeHg 在基因敏感的几个老鼠品种中产生自身免疫反应。但是，MeHg 对心血管、生殖及免疫系统影响的研究总体上还很少，需要在这些领域进行更多研究。

食物中化学物质的风险评估基于危险识别、暴露评估、剂量—反应计算以及风险描述。风险评估最普遍使用的是由 NAS-NRC（美国科学院科学研究会）推荐的模型和 JECFA（联合食品添加剂专家委员会）开发的模型。JECFA 推荐的 MeHg 最大允许摄入量为每周 1.6 Lg/kg（即每天 0.23 Lg/kg，相当于发汞含量为每天 2.3 Lg/g），USEPA 的推荐值为 0.1 Lg/kg（相当于发汞含量为 1.0 Lg/g）。

（二）重金属镉（Cd）暴露的健康效应

镉主要通过呼吸道和消化道侵入人体。它不是人体必需微量元素，在新生体内并不含镉，但随年龄的增长，即使无职业接触，50 岁左右的人体内含镉也可达到 20～30 Lg/kg。研究表明，微量的镉进入机体即可通过生物放大和积累，对肺、骨、肾、肝、免疫系统和生殖器官等产生一系列损伤。总之，镉进入人体后，通过血液传输至全身，主要蓄积于肾、肝脏中，其次蓄积于甲状腺、脾和胰等器官中。有研究表明，心、肝、肾、脑、血有稳定的镉浓度，但镉对肝、肾功能的损害作用低于其对心功能的损害。例如镉急性染毒，镉主要分布在肝和肾，但动物死亡原因不是肝、肾损害引起的，而是由于心功能衰竭。在人类的生命代谢活动中，镉在人体内进行着若干个生物毒性（化学）反应。

1. 肺毒害作用

最早发现的镉对人体的伤害是肺损伤。大量吸入镉蒸气后，在 4～10 h 会出现呼吸道刺激症状，如咽喉干痛、流涕、干咳、胸闷、呼吸困难，还可能有头晕、乏力、关节酸痛、寒颤、发热等类似流感表现，严重者出现支气管肺炎、肺水肿（肺泡膨胀、肺泡壁肥厚），并且其支气管黏膜上皮细胞变性、坏死、脱落，肺毛细血管扩张、充血、肺间质高度水肿，肺泡内充满大量的蛋白浆液，最终导致死亡。我国云南锡矿地区肺癌发病率较高，患者的肺内镉含量显著高于正常人。

2. 骨毒害作用

"疼痛病"是十大公害病之一，潜伏期为 10～30 年，表现为背和腿疼痛、腹胀和消化不良，严重患者发生多发性病理性骨折。骨骼病变主要表现为骨质密度降低，骨小梁和骨骼中矿物质含量减少，表现出骨质疏松。徐顺清等人的研究结果表明，镉接触组各部位骨矿含量显著低于对照组各部位的含量，且骨矿含量特别是挠骨超远端骨矿含量与肾损伤指标之间有很好的相关性。对因食用大米而接触镉的人群进行检测，发现尿镉（UCd）或血镉（BCd）高的绝经后妇女及血镉（BCd）高的男性，其前臂骨密度（BMD）均有所下降。

3. 肾毒害作用

肾脏是镉慢性毒作用的最重要的蓄积部位和靶器官，肾损伤是其对人体的主要损害，通常这种损伤是不可逆的。经 1976 年国际劳动卫生会重金属中毒研究会分会及世界卫生组织讨论，人的肾皮质中镉的临界浓度目前定为100～300 Lg/g，最好的估计值为 200 Lg/g。镉可引起尿路结石，且接触镉工人的肾结石发病率为88%。镉在肾脏的蓄积会影响肾近曲小管的功能，表现为低分子量蛋白质、氨基酸、钙、葡萄糖、尿酸、磷酸盐等从尿中大量排出。

4. 心脑血管毒害作用

1966 年 Carroll 的流行病学调查就已发现镉接触和心血管疾病之间有关联。大量的研究表明，饮水、食物以及机体内的镉量过多时，对心血管的结构及功能会产生有害影响。镉含量和心血管的发病率及死亡率呈正相关关系。1981 年 Revis 等人的试验显示，镉不仅与高血压有关，而且可能导致动脉粥样硬化。

5. 免疫系统毒害作用

曹友军等人的研究结果表明，25 μmol/L 镉可引起自然杀伤细胞（NK）活性降低，且有明显的剂量反应关系。说明镉在体外对 NK 功能有抑制作用。同时，对体外培养人体 T、B 淋巴细胞的增殖、存活能力均能产生直接抑制作用。镉具有诱发人外周血淋巴细胞（PBL）姐妹染色单体交换（SCE）频率增加的作用。且随着尿镉、血镉和镉摄入量的上升，镉接触工人 PBL 的 MT 基础表达和诱导表达都增高。另外，镉对 HL－7702 细胞生长有一定抑制作用，同时镉还可引起HL－7702细胞发生 S 期阻滞和细胞凋亡。

6. 遗传毒害作用

李永安等人的试验结果表明，氯化镉可使人胚肺成纤维细胞生长排列紊乱，失去方向性和密度调节作用，重叠生长，形成明显的转化灶，染色体发生畸变（数目增多或减少），使其结构出现断片、双着丝粒体、S 期细胞比例增大、细胞DNA 合成异常旺盛。镉可引起 DNA 单链断裂，形成 DNA 碱基修饰产物 8－羟基脱氧鸟苷，并损害 DNA 修复系统。镉可使癌基因 c-myc、c-fos、c-jun 表达增强，其作用机制与镉破坏细胞内钙稳态、激活蛋白激酶 C 等有关。镉通过使癌基因表达增强，增加细胞内钙水平以及造成氧化应激等，可诱导多种细胞凋亡。高浓度的镉对 DNA 具有损伤作用；而在较低浓度下，镉干扰 DNA 修复过程的作用较明显。上述直接和间接的遗传毒作用可能是镉致癌的机制之一。薛莲等人的研究结果显示，在碱性单细胞凝胶电泳试验中，无细胞毒性浓度的 CdC_{12} 对 H_2O_2 的 DNA 损伤效应无协同作用，却明显抑制 DNA 损伤后的修复过程。

7. 肝脏毒害作用

镉离子可由消化道进入机体，蓄积于肝脏，导致肝脏病理变化，产生急性或慢性的肝脏损伤。镉可引起肝脏脂质过氧化及自由基的大量产生，抑制抗氧化酶的活力，造成细胞的严重损伤。镉诱发肝细胞毒性和损伤以及肝细胞 Ca^{2+} 升高。

8. 对生殖系统的毒害作用

杨建明等人的研究结果表明，镉接触工人精浆果糖和精浆转铁蛋白均显著降低，且精浆转铁蛋白含量随着接触镉工龄的延长显著降低，两者的含量与精子畸形率呈显著负相关关系。说明镉可影响接触工人的附性腺和睾丸细胞的分泌功能。闫平等报道，镉对雌性哺乳动物的生殖系统具有明显的毒作用，长期食用高镉食物，可诱发妊娠、授乳、内分泌的失调。

（三）重金属砷（As）暴露的健康效应

1979 年，国际癌症研究中心（IARC）确认无机砷是人类皮肤及肺的致癌物。砷对健康的危害是多方面的，可引发多器官的组织学和功能上的异常改变，严重者还可导致癌变。砷对人体的毒性作用，与砷的化合物形式及其价态、砷暴露时间、砷摄入量、个体敏感性、健康状况、营养等因素有关。

1. 砷的毒性

砷化合物的毒性主要取决于砷的化学形态，As^{3+} 的毒性很强，因为 As^{3+} 能与含 $-SH$ 的化合物如辅酶、半胱氨酸及各种带有 $-SH$ 的蛋白质、酶等结合形成稳定的螯合物，抑制其活性。As^{5+} 与 $-SH$ 的亲和力较弱，形成的螯合物没有 As^{3+} 的稳定，因而毒性较小。同时，As^{3+} 的毒性亦与其化合物的溶解度有关，溶解度愈大，毒性愈强。单质砷无毒。

环境中的砷，主要经消化道、呼吸道和皮肤摄入人体。五价砷易通过胃肠道被吸收，三价砷易透过皮肤被吸收。无机砷的甲基化是机体内砷降解的主要途径，这个过程存在于人体大多数器官中，但主要在肝脏中进行。

2. 砷对皮肤的影响

砷对皮肤的损害主要是慢性砷暴露所致，主要包括色素沉着（脱失）、角化过度和细胞癌变。近年来，砷对皮肤损害的机制成为众多研究者关注的焦点之一。无机砷可显著抑制人皮肤成纤维细胞缝隙连接通讯，在癌症发生的促长阶段很可能扮演重要角色。

3. 砷对消化系统的影响

经饮水进入小鼠体内的三价无机砷（iAsⅢ）或五价无机砷（iAsⅤ）主要在肝组织内进行甲基化代谢。砷在微粒体、胞液和细胞核中的大量蓄积可能导致肝细胞损伤。

砷暴露导致肝脏抗氧化系统发生变化可能是砷致肝脏损伤的重要机制。Santra 等人发现，砷暴露 2 个月时，小鼠肝脏抗氧化系统处于被激活状态，继续延长暴露时间则导致抗氧化系统过度损耗，从而启动了肝脏的生物化学损伤。

目前认为，组织中的氧化损伤不仅可以导致膜脂质的过氧化损伤，而且可能使细胞蛋白质降解。而上述研究尚未阐明砷使肝脏细胞的膜结构产生氧化损伤的同时是否也可以导致蛋白质的降解。

4. 砷对泌尿系统的影响

进入人体的砷主要经尿液排出，因此不可避免地对肾脏产生一定的影响，可能导致其形态和功能均出现异常。研究表明，急性砷中毒患者可出现溶血，红细胞碎片堵塞肾小管，导致砷性急性肾功能衰竭、肾间质和肾小管充血、水肿。慢性砷接触可造成明显的肾脏病理改变，如小管细胞空泡变性、炎性细胞渗入、肾小球肿胀、间质肾炎和肾小管萎缩，重复腹腔注射三价砷可使炎性病变加重；慢性经口接触则主要表现为变性病变。

5. 砷对免疫功能的影响

动物实验表明，砷中毒可以影响机体和免疫器官的正常发育，破坏免疫器官的正常结构，从而抑制免疫功能。砷中毒还可以影响实验动物骨髓的造血功能，干扰免疫细胞的生成。由此可见，砷可以通过影响免疫器官的发育及免疫细胞的生成来影响机体的免疫功能。

6. 砷对神经系统的影响

动物实验表明，砷可以通过血脑屏障进入人脑实质，砷对脑组织的损伤不容忽视。砷可通过影响中枢神经系统神经递质的浓度来发挥其神经毒害作用。近几年的研究中较为一致的结果是，砷可以导致大鼠脑中乙酰胆碱酯酶活力下降。此外，砷暴露还可使大鼠纹状体、海马和大脑其他区域中的儿茶酚胺含量发生改变。随着暴露时间的延长，中脑和大脑皮层的单胺含量亦可发生变化。

7. 砷对心血管系统的影响

砷被人体吸收后通过循环系统分布到全身各组织、器官，临床上主要表现为与心肌损害有关的心电图异常和局部微循环障碍导致的雷诺综合征、球结膜循环异常、心脑血管疾病等。砷对血管损害的机制十分复杂。有学者在对燃煤型砷中毒患者血清中一氧化氮（NO）、内皮素（ET）等指标检测时发现，NO 随病情发展呈下降趋势，而 ET 则呈上升趋势，实验结果显示砷中毒患者血管内皮功能损伤与血液流变学变化有密切联系，并随病程改变，血流变学改变越来越大，内皮损伤趋于严重。

8. 砷对呼吸系统的影响

呼吸道是环境中的砷进入机体的主要途径之一，而且肺是砷致癌的靶器官之一，长期砷暴露可导致肺癌发生率升高。孙兰英等人发现，燃煤型砷暴露对呼吸系统产生的影响尤以对肺间质的损害最为显著，临床上主要表现为限制性通气功能的异常，肺功能检查异常率为82.2%，多项肺功能指标与对照组相比，差异均有统计学意义（P<0.01）。

（四）重金属铜（Cu）暴露的健康效应

铜是人体主要的微量元素之一，在机体生长发育以及神经、造血、骨骼等系统的成熟过程中起着一定的作用；铜也是人体葡萄糖、氨基酸和胆固醇等代谢过程中的酶的重要组成要素，在各种催化反应中有着独特的效应。和其他微量元素一样，铜在体内需要维持平衡，铜代谢异常、缺乏或摄入过量均可造成多种疾病，如免疫功能下降、糖尿病、冠心病、高血脂、骨质疏松以及肿瘤等。

1. 铜与高血脂症

早在1973年，国内外诸多学者开始对铜与胆固醇代谢之间的关系进行研究。目前认为铜缺乏可引起血浆脂蛋白脂酶及卵磷脂胆固醇转酰酶活性降低，这些酶都参与脂质代谢，特别是脂蛋白脂酶，可很好地将甘油三脂和极低密度脂蛋白分解，使血浆中的血脂下降。补充足量铜一方面可增加这些酶的活性，另一方面，铜具有很强的氧化特性，能氧化脂蛋白上的脂质过氧化氢物LOOH，并产生LOO$^-$和LO$^-$，而后两者又可以再次分解脂肪酸以及脂蛋白上的LOOH。LOOH能促使血管内皮的巨噬细胞摄取低密度脂蛋白，巨噬细胞摄取低密度脂蛋白后又可导致其内部的溶酶体破裂，巨噬细胞溶解坏死，最终形成泡沫细胞以及粥样斑块。Allen等人在缺铜性大鼠模型中发现，与对照组相比，铜缺乏的大鼠血浆胆固醇浓度明显升高，特别是甘油三脂的水平升高，甚至导致高甘油三脂血症。Kleva在人体上也发现类似现象，他给一名健康志愿者低铜饮食，3个月后发现其血总胆固醇浓度升高了320 mg/L。

2. 铜与心血管疾病

铜在心肌的收缩与舒张、细胞膜的结构与功能、血压调节、体内水钠平衡以及血液凝固中起着重要作用，因而铜的平衡或失调与心血管疾病的发生和发展密切相关。人体内的细胞色素C及多种金属酶都含有铜成分，这些金属酶能促进心血管的基质胶原和弹性硬蛋白的合成，并且心脏和动脉壁中的铜酶是血管内3种主要结缔组织中的重要成分，对冠心病的形成起着重要的抑制作用。

有研究表明，缺铜可导致这些胶原及蛋白的合成障碍，使心肌细胞不能紧密连接，甚至引起缺血性心肌病变；缺铜也可致机体的骨骼、血管、皮肤中胶原和弹性蛋白的交联受损，进而使骨质疏松易碎，动脉弹性组织结构和功能异常以及血管破裂或形成大血管的动脉瘤，皮肤也粗糙无光泽。如在妊娠期缺铜，可引起胎儿先天性心血管畸形，严重的还可引起死胎、流产。铜还可促进机体新血管的形成，从而增强机体受损组织的自我修复功能。

3. 铜与免疫系统

近年来，国内外学者发现铜与机体的防御功能关系甚密，并且许多实验证实铜缺乏或过剩都会影响其相关酶的活性，从而对机体免疫进行调节，这些酶包括细胞色素 C 氧化酶（CCO）、铜/锌（Cu/Zn）、超氧化物歧化酶（SOD）、单胺氧化酶（MAO）等。机体在代谢过程特别是在炎症反应过程中会产生大量的氧自由基，它们的强氧化剂的作用，一方面在清除衰老细胞、细菌等过程中起一定作用，但另一方面也可引起蛋白质和核酸变性、多糖降解及脂质过氧化，造成组织细胞损伤和功能障碍。正常体内正是通过含有微量元素铜等的酶类等来消除和对抗自由基物质，保护机体组织免受损伤。机体铜缺乏可降低中性粒细胞、单核细胞和淋巴细胞的浓度和活性，使免疫系统产生补体以及细胞因子等的能力减弱，从而使机体对寄生虫、病毒等感染的抵抗力大为降低。

4. 铜与肿瘤

铜是具有广泛生理作用的微量元素之一，是细胞进行正常代谢必需的微量元素，是多种酶的激活剂，特别是超氧化物歧化酶、单胺氧化酶等的重要组成成分。这类金属酶能防止自由基对细胞膜和细胞核造成损伤，减少过氧化脂质的生成，使机体免受过氧化物的损害。此外，含铜的血浆铜蓝蛋白也是一种重要的细胞外的抗氧化剂。当机体细胞缺铜时，容易因抗氧化剂耗尽，而使正常代谢或炎症反应等氧化应激所产生的自由基不能及时清除，这常常导致 DNA 单链断裂、双链断裂或染色体变异和异常交联，这些都是癌症形成的前兆。可是已有大量临床研究证明，肿瘤患者的血铜水平往往升高。出现这一现象并不代表患者体内有足够的铜，相反，这是肿瘤患者的代偿性反应：在贫血缺氧状态下，机体内多种依赖铜的活性酶受抑制，则反射性促使其他部位的铜代谢释放入血以维持重要酶的活性，从而导致血铜升高。另一个引起血铜升高的原因可能是肿瘤细胞表面唾液酸转移酶增加，使要分解的铜蓝蛋白重新分布，由肝脏进入血液而使铜升高。

（五）重金属锌（Zn）暴露的健康效应

锌是人体正常发育中的必需元素，人体所有的器官都含有锌，以皮肤、骨骼、毛发、前列腺、生殖腺和眼球等组织中含量最为丰富。锌广泛分布于自然界中，以 Zn^{2+} 状态存在，Zn^{2+} 是一种强路易斯酸（Lewis Acid）或电子接受体。锌与硫醇和胺电子供体的结合力很强，具有快速的配体交换作用，这在金属酶的催化作用中具有重要意义。细胞内的锌的化学性质主要涉及硫醇和咪唑配体，锌与硫醇的结合被认为是构成调节此微量元素细胞水平的重要机制。

1. 锌与冠心病

锌与心脏的疾病发生有着密切的关系。锌能竞争性地抑制铁硫醇复合物催化氧自由基产生的作用，从而保护心肌细胞的正常代谢、结构和功能。锌还与人的血清胆固醇水平有关，在心肌梗塞死区及其周围的心肌细胞线粒体、微粒体和可溶解性蛋白质内的锌含量显著高于正常心肌细胞，大量的含锌碱性磷酸酶浓集在心肌梗死及坏死处，说明锌酶参与了修复过程，在冠心病的发病过程中具有重要作用。研究资料证实，冠心病等心血管病患者心脏中锌含量减少，在心绞痛发作时，锌浓度明显降低，缓解后明显回升，但仍低于对照组血清锌水平。这是由于心肌受损时血清锌过多消耗，血清锌向创伤组织转移而致血清锌浓度降低。有资料报道，缺锌可影响机体抗氧化酶的活性，使自由基清除率降低，脂质过氧化反应增加，引起血管硬化，进而导致心血管病的发生。

2. 锌与肝硬化

研究发现，肝硬化病人不论是肝炎后肝硬化，还是酒精性肝硬化，其血锌浓度均明显降低，得知血锌降低在肝硬化的发生和发展中具有重要意义。由于肝细胞的坏死是激发肝纤维化的主要原因，锌缺乏会降低人体内去除自由基的能力，导致脂质过氧化过程中细胞膜受损伤，从而加重肝细胞坏死，促进纤维化因子的持续存在。故血清锌降低为肝炎向肝硬化、肝癌转变的一个相关的因素。总之，锌缺乏可影响机体免疫功能，加重肝硬化免疫功能紊乱。

3. 锌与糖尿病

锌与糖尿病的关系十分密切。有研究人员报道，稳定的 Ⅱ 型糖尿病的血清锌浓度降低，并且所有具有低水平血糖的糖尿病患者均出现尿锌流失增加，因此应对其进行及时的补充。每一个胰岛素分子中有两个锌原子，协助葡萄糖在细胞膜上的运转，因此锌与胰岛素活性密切相关。锌起着调节和延长胰岛素的降血糖作用，如果体内缺锌，会引起胰岛素原的转换率降低，致使血清中胰岛素水平降低，肌肉和脂肪细胞对葡萄糖的利用也大大降低，大量的葡萄糖将留在血液中，使血糖浓度增加，从而出现糖尿病。

4. 锌与男性生殖系统疾病

近年来的研究发现，锌与脑垂体功能的关系尤为重要，对维持丘脑（垂体）性腺轴的协调起着不可忽视的作用。缺锌可抑制脑垂体促性腺素的释放，使性腺发育不良或导致性腺的生殖和内分泌功能障碍；锌直接参与精子的生成、成熟、激活或获能过程，对精子活力、代谢及其稳定性都具有重要作用；锌能延缓精子膜的脂质氧化，维持胞膜的完整性和稳定性，使精子保持良好的活力。精子通过吸收精浆中的锌与胞核染色体的巯基结合，以防止染色体解聚，促进精卵结合，有利于受精；锌能改变睾丸的生精速度，对精子的代谢有着重要的影响；锌参与乳酸脱氢酶、羧肽酶 A 的组成，这些是很多酶的辅酶，缺锌可影响酶的活性，进而影响生殖。业已证实，睾丸、前列腺、附睾组织尤其是精液富含元素锌，精子密度增加常伴有锌含量增加，锌能增加精子的数量。在不育症液化不全组，精液中锌含量降低，炎症组和无精子组降低更明显。缺锌可使睾丸组织结构萎缩，变化异常，生精小管基膜变薄，精子生长异常且活动力减弱，同时伴有血清睾丸酮水平下降，血清卵泡刺激素和黄体生成素增加。

5. 锌与肾病综合症

研究发现，血清锌浓度与血清白蛋白、球蛋白含量平行，并呈正显著相关。在血清中 30%～40% 的锌与 α_2 巨球蛋白牢固结合，60%～70% 的锌与白蛋白疏松结合。提示肾小球疾病时患者体内丢失大量蛋白质，尤其是丢失大量白蛋白是血清锌值降低的主要原因，其次还与患者食欲降低、摄入锌减少、肠道吸收减少及临床应用利尿剂、降压药等因素有关。

6. 锌与视觉障碍

眼睛组织中视网膜与脉络膜的复合体含锌量最高，几种含锌酶包括碳酸酐酶和视黄醇脱氢酶含锌的水平都很高，后者可把视黄醇氧化为视黄醛，即杆细胞内维生素 A 的形式。夜视依赖于给杆细胞提供适量的视黄醛以便形成视色素——视紫红质。缺锌将使人类暗适应能力减弱、视力下降、近视、远视和散光等。

7. 锌与神经精神障碍

锌对脑的发育有重要的作用。国外有学者对鼠脑 8 个区域的含锌量进行测定，发现海马区含锌量最高，其他含量高的地方依次为大脑、纹状体和小脑。锌缺乏对脑功能和神经精神具有很大的影响。缺锌可导致幼鼠脑变小，脑细胞数减少，细胞核与胞质的比例增大。严重缺锌时可使胎仔出现无脑、脊柱裂等中枢神经系统的畸形。此外，缺锌可能使脑部超微结构发生改变，如小鼠颗粒细胞减少、蒲肯野氏细胞外观畸形、树状突分枝减少和突触连接减少等改变。采用流式细胞术还发现，缺锌组大鼠细胞增殖指数和 G + M 期细胞的百分率非常显著地低于对照组，而 G0/G1 期细胞百分率却非常显著地高于对照组。从断乳期或从哺乳开始建立缺锌幼鼠模型的研究发现，缺锌组幼鼠的脑组织中 DNA、RNA 含量，幼鼠海马锥体细胞 DNA 含量，及其迷宫学习能力和主动回避反应习得力均明显低于正常对照组。电镜观察还发现缺锌组海马神经元突触小泡明显减少。

8. 锌与皮肤疾病

在大鼠和小鼠缺锌的早期研究中已观察到有脱毛和肉眼可见的皮肤损害。人类严重缺锌时也会出现皮肤损害，常见的有口角溃烂、口角炎，萎缩性舌炎，眼、口、肛门等周围及肢端、肘膝、前臂等处出现对称性糜烂、水疱或脓疱，以及过度角化的瘢块。组织学观察可见牛皮癣样皮炎、表皮增生、角化不全、散发角化不良细胞，头发蓬松、变脆、无光泽，脱发，反复口腔溃疡、伤口愈合不良等。

9. 锌与免疫功能减退

目前已有大量文献资料表明，锌缺乏病患者的免疫功能受到损伤，锌缺乏病患者很容易反复受到感染，主要表现为胸腺、淋巴结、脾脏和扁桃体的发育不全或萎缩，皮肤迟发性过敏反应减弱或阴性，淋巴细胞转化率降低等。

10. 锌和肿瘤

缺锌成为肿瘤的重要促发因素，与其危及机体的抗氧化防御和 DNA 修复机制密切相关。缺锌可增加 DNA 链的突变概率，使 DNA 修复蛋白 p 53 基因突变、异常表达和功能异常低下，增加氧化压力，造成氧化性 DNA 损害，破坏 DNA 的完整性，干扰异常增生组织的细胞凋亡，进而促发肿瘤。足量补锌可以修复和逆转 DNA 损害，维持 DNA 的完整性，逆转与缺锌相关的癌前病变。

（六）重金属镍（Ni）暴露的健康效应

在被大量镍污染的环境中，呼吸道肿瘤与皮肤病的报道发生率较高。这主要是因为粉末状镍具有比表面大、质量轻、扩散速度快等特性，所以极易与一氧化碳发生化合反应，并生成四羰基镍。四羰基镍通过呼吸道进入人体后，极易使人患肺出血、浮肿、脑白质出血、毛细血管壁脂肪变性并发呼吸障碍，甚至导致呼吸系统癌症的发生等。临床实践中，镍增高见于血液病（急慢性白血病、多发性骨髓瘤、骨髓增生异常综合症等）、急性心肌梗死、脑血管病、大面积烧伤等，镍降低见于肝脏病和各种贫血等。

1. 镍与老年痴呆

过氧化脂质会破坏细胞膜和蛋白质，加速人体衰老，造成老年痴呆。而镍则具有抗氧化作用，可以调节免疫系统，因此镍对老年痴呆有辅助治疗的作用。

2. 镍与糖尿病

缺镍可使胰岛素的活性减弱，糖的利用发生障碍，血中的脂肪及类脂质含量升高。研究证明，镍能够增加胰岛素的分泌，从而降低血糖，这一点与铬的作用相似，对治疗糖尿病有一定的帮助。

3. 镍与头痛失眠

镍是体内一些酶的激活剂，而这些酶均为生物体内蛋白质和核酸代谢过程中的重要酶，所以镍水平降低时，可能引起机体代谢上的变化，从而导致某些器官功能的障碍。镍可作为神经镇痛剂，治疗神经痛等疾病。

4. 镍与贫血和肝硬化

镍是血纤维蛋白溶酶的组成成分，具有刺激生血机能的作用，能促进红细胞的再生，有类似钴的生理活性，血镍的变化也与钴在贫血治疗过程中的变化近似。给供血者每日 5 mg 镍盐，可使血红蛋白的合成及红细胞的再生明显加速。适量的镍可刺激生血的功能，协助制造血液。

5. 镍与冠心病

伴随着胰岛素分泌的减弱，血中的脂肪及类脂质含量升高，这些物质沉积在血管壁，会导致动脉粥样硬化，从而引发冠心病。从动物实验中观察到，镍能抑制大鼠肝合成胆固醇和脂肪，这说明镍对糖代谢和脂肪代谢都有一定作用。镍能使扩张的冠状动脉收缩，抑制冠状动脉血压，因此能减轻心肌的缺氧反应。

（七）重金属铬（Cr）暴露的健康效应

自然界铬主要以三价铬和六价铬的形式存在。三价铬参与人和动物体内的糖与脂肪的代谢，是人体必需的微量元素；六价铬则是明确的有害元素，能使人体血液中某些蛋白质沉淀，引起贫血、肾炎、神经炎等疾病，长期与六价铬接触还会引起呼吸道炎症并诱发肺癌或者引起侵入性皮肤损害，严重的六价铬中毒还会致人死亡。

1. 六价铬的毒性

许多研究已经证实，六价铬的化合物有毒，具有致癌并诱发基因突变的作用。美国国家环境保护局将六价铬确定为 17 种高度危险的毒性物质之一。六价铬化合物口服致死量为 1.5 g 左右，水中六价铬含量超过 0.1 mg/L 就能使人中毒。铬对人体的毒害作用类似于砷，其毒性随价态、含量、温度和被作用者不同而变化。在生理 pH 条件下，六价铬以 CrO_4^{2-} 形式存在渗入细胞内。目前 CrO_4^{2-} 的致癌机理还不完全清楚，主要有两种观点：一种认为 CrO_4^{2-} 是被细胞内的还原物质还原成五价铬和四价铬的过程中产生了大量的游离基（已被体外的实验证实），大量的游离基引发肿瘤；另一种认为是六价铬被细胞内还原物质还原为三价铬，生成的三价铬迅速与 DNA 发生了反应（体外的实验观察到了还原的三价铬与 DNA 的结合），引起遗传密码的改变，进而引起细胞的突变和癌变。研究发现，六价铬的长期摄入会引起扁平上皮癌、腺癌、肺癌等疾病；吸入较高含量的六价铬化合物会引起流鼻涕、打喷嚏、搔痒、鼻出血、溃疡和鼻中隔穿孔等症状；短期大剂量的接触，在接触部位会出现溃疡、鼻黏膜刺激和鼻中隔穿孔；摄入超大剂量的铬会导致肾脏和肝脏的损伤以及恶心、胃肠道不适、胃溃疡、肌肉痉挛等症状，严重时会使循环系统衰竭，使人失去知觉甚至死亡。长期接触六价铬的父母还可能对其子代的智力发育带来不良影响。

2. 三价铬的毒性

三价铬是人体和动物体的必需微量元素，这是众所周知的事实，但三价铬是否会有致癌性和诱发基因突变的作用，也一直是人们关注的热点问题。目前，在常用的富铬酵母、烟酸铬、氨基酸铬和吡啶铬等补铬剂的动物实验和临床实验中，均未发现有铬中毒症状，因此认为在人体补铬剂量的条件下（正常人 50～200 Lg/d），三价铬是无毒的。但在 1995 年 Stearn 等所做的体外实验发现，吡啶铬能对染色体产生损伤，并根据补铬药物动力学模型计算出，补铬将导致三价铬的累积中毒。这个研究使人们对长期服用有机铬是否有累积性中毒及致癌性产生了疑虑。两种不同的研究结果显示，尽管短期内补充有机铬的毒性很小甚至可能没有，但是长期补铬的累积毒性是否存在则还有待进一步研究。

（八）重金属硒（Se）暴露的健康效应

硒是人体必需微量元素之一，是人体无法合成的，必须从外界摄取的微量元素。硒对于维持人的生命活动发挥着重要作用，与人体健康有密切关系。硒在预防心血管疾病、抗氧化、抗衰老、抗病毒、防癌、保护视力、免疫调节以及某些疾病病因学研究等方面有着重要作用，硒是人体免疫调节营养素，既能激活细胞免疫中的淋巴细胞，又能刺激免疫球蛋白及抗体产生。硒的缺乏与过剩都会影响人体健康。国内外大量统计资料和临床研究证明，人体缺硒会造成重要器官的功能失调，导致许多严重疾病的发生，许多地区通过补硒使这些疾病得到控制。大量药理学和临床医学方面的研究进一步证明，硒在人体中的许多生理功能是不可替代的。

1. 硒与病毒性肝炎

微量元素硒是谷胱甘肽过氧化物酶（GSH-Px）的必需成分，而 GSH-Px 为肝脏内重要的抗氧化酶，是机体内重要的自由基清除剂。硒既能通过 GSH-Px 活性降低分解过氧化物及利用谷胱甘肽（GSH）的还原作用，发挥抗氧化作用，又能增强维生素 E 的抗氧化功能，从而阻止过氧化物对细胞膜、线粒体及溶酶体膜上的脂质产生破坏性的过氧化反应，保护细胞膜的完整性、稳定性及细胞的正常生理功能。所以硒也可以称为抗肝坏死保护因子，是阻止肝坏死的因素之一。Shamberger 发现肝炎、肝硬化患者血硒水平降低，且血硒水平降低与肝病的严重程度有关。国内研究结果显示，肝病患者血硒水平呈现慢性活动性肝炎、肝硬化、肝癌依次递减现象，提出血硒水平的降低与肝脏损害的程度、病情进展及癌变有密切的关系。硒缺乏时，肝脏代谢功能紊乱，导致肝细胞损伤以致坏死，从而引起肝脏损害。另外，硒缺乏还能使机体免疫力下降，降低机体对病毒性肝炎的抵抗能力。故有人提出应用还原型谷胱甘肽（GSH）和超氧化物歧化酶（SOD）治疗肝病，并获得了较好的疗效。

2. 硒与艾滋病

微量元素硒是 GSH-Px 和烟酸羟化酶等的重要组成成分，GSH-Px 能催化还原谷胱甘肽变成氧化型谷胱甘肽，同时防止大分子发生氧化应激反应，使对机体有害的过氧化物还原成无害的羟基氧化物，并使过氧化氢分解，因而可以保护细胞及细胞膜的结构和功能，使之免受过氧化物的损害和干扰，并且能使动物的抗体形成细胞数增加，自然杀伤细胞活性增强，从而使抗体产生量增大并可刺激免疫球蛋白和抗体的产生。缺硒会造成细胞及细胞膜的结构和功能损伤，进而干扰核酸、蛋白质、粘多糖及酶的合成及代谢，直接影响细胞的分裂、繁殖、遗传和生长。自由基反应可能导致人类衰老和对人类威胁极大的疾病，如心血管疾病、肿瘤、免疫功能低下和中枢神经系统疾病。传统型谷胱甘肽（CGPx）是第一个被发现的哺乳动物硒蛋白，它分布广泛，在硒充足的情况下，所有细胞都有一定程度的表达，尤其在产生大量过氧化物的组织，它主要还原可溶性的氢过氧化物（H_2O_2）和一些有机氢过氧化物（氢过氧化脂肪酸），对磷脂氢过氧化物进行分解，减少其有害作用，包括阻断细胞信号传导（即指抑制 NF-kB 的激活）、抑制细胞凋亡、控制 HIV 感染。NF-kB 是一种核蛋白因子，参与多种细胞因子的转录调控，生成的细胞因子在加重某些疾病的过程的同时又可以激活 NF-kB，两者互为消长，而 CGPx 可通过降解氢过氧化物阻断此过程，对疾病的转归起积极作用。凋亡是指细胞的程序化死亡过程，大量实验表明活性氧参与了凋亡过程中细胞内信号传导的全过程，可诱导凋亡，故 CGPx 活性的增强将减少氢过氧化物的含量，从而抑制凋亡发生。HIV 的复制依赖 NF-kB 的激活，CGPx 可阻抑后者的活化，因此可限制病毒的复制。但 HIV 感染细胞的死亡是以凋亡的方式进行的，CGPx 抑制感染细胞的凋亡不利于病毒的清除，所以 CGPx 对感染有双重作用。HIV 含有可编码硒蛋白的 UGA 密码子。病毒的复制伴有能引起病毒基因组宿主细胞突变导致氧自由基的产生。在硒缺乏时，可发生 HIV 病毒致病性增加的移码突变。适量补充硒对 HIV 病毒的早期感染可能具有保护作用，并有益于 AIDS 病和 AIDS 相关综合症病人的康复。HIV 感染主要侵犯机体的免疫系统造成免疫功能障碍，导致免疫缺陷，而硒与 HIV 感染的激活、发生、发展密切相关，对抑制 HIV 复制可能起关键作用。缺硒会导致 T 细胞免疫功能下降，氧化防御体系减弱，可能会促进艾滋病恶化和免疫功能低下，形成恶性循环。补硒可提高血清水平，改善患者症状，在辅助治疗中进行大规模临床实验具有一定的应用前景。

3. 硒与高血压病

硒是谷胱甘肽酶（Se-GPx）的重要组成部分，该酶的主要功能是清除体内过氧化物，维持膜系统的完整性。Se-GPx 与心血管系统疾病的关系最为密切，与动脉粥样硬化和原发性高血压呈负相关关系。据报道，低硒地区人群因高血压、心脏病和中风等心脑血管疾病死亡的人数比高硒地区高约 3 倍。

4. 硒与冠心病

硒是 GSH-Px 的重要组成部分，GSH-Px 的主要功能是清除体内脂质过氧化物，维持膜系统的完整性。硒能作用于人体转化成硒酶，大量破坏血管壁损伤处集聚的胆固醇，使血管保持畅通，提高心脏中辅酶 A 的水平，使心肌所产生的能量提高，从而保护心脏。缺硒会导致生物膜功能损伤，心肌溶酶体膜脆性增高，可引起心肌氧的利用障碍，导致动脉壁细胞生物膜功能障碍，促使冠状动脉粥样硬化的形成。汪先勇等人的研究表明，急性心肌梗塞病人血浆中硒的含量 $[(56.9 \pm 16.4)/10^9]$ 显著低于正常人 $[(68.3 \pm 16.4)/10^9]$，但也有相当一部分病人的血浆硒与正常水平有交叉，因此，患者很可能发病前即处于低硒状态。Shamberg 报道，在低硒摄入地区心血管病死亡率显著高于硒高摄入地区。这也说明，缺硒可能是引起冠心病心肌梗塞的危险因素之一。硒与动脉硬化、冠心病的发生发展呈负相关关系，有人用硒治疗冠心病、心绞痛取得很好的疗效。

5. 硒与老年性痴呆

硒具有抗氧化活性、调节机体免疫的功能。体内缺硒时酶的催化作用减弱，脂质过氧化反应强烈。过氧化脂质对细胞膜、核酸、蛋白质和线粒体的破坏，导致不可逆损伤，这些破坏长期反复作用，造成恶性循环，可促使大脑和整个机体衰老。硒在人脑分布较丰富，老年性痴呆患者的脑组织中硒含量普遍降低，从而导致自由基清除障碍，引起对神经细胞的毒性作用，但在硒降低时常伴有其他微量元素的变化，硒的作用占多少尚不清楚，有人认为这可能仅是一种协同作用。

6. 硒与老年性白内障

硒是眼组织中必不可缺的微量元素，且与眼睛视力的敏感度有关。研究资料表明，眼睛是人体含硒量较高的器官之一，眼组织的硒分布很广，尤其在视网膜、晶状体、睫状体和虹膜含量极丰富。硒是 GSH-Px 的组成成分，含硒的 GSH-Px 具有抗氧化作用，催化还原型谷胱甘肽转变为氧化型谷胱甘肽，保护生物膜结构和功能。老年性白内障晶体硒含量降低，仅为正常含量的 1/6。长期缺硒会使 GSH-Px 减少，晶状体受到过氧化氢的损害，引起巯基蛋白的氧化，晶体蛋白质降解，蛋白质脂膜氧化，膜通透性增加，细胞肿胀，蛋白丢失，细胞膜破裂，晶体混浊形成白内障。过量的硒也能导致白内障，因硒具有强氧化还原性，它与分子态氧作用生成的活性氧，能触发晶状体的脂质过氧化反应，在晶状体中形成不溶性高分子聚集体，导致晶状体混浊形成白内障。

7. 硒与肝癌

原发性肝癌的发生是多因素协同作用的结果，在我国以 HBV、黄曲霉毒素、遗传因素和饮水污染为主，而硒的缺乏则又促进了肝癌的发生和发展。大量流行病学调查显示，在土壤和食物含硒量低的国家和地区，其居民癌症的发病率明显高于其他国家和地区，人体血硒浓度与恶性肿瘤发病率及死亡率呈负相关关系。有实验应用特异性硒蛋白 PcDNA 探针对正常肝脏、肝硬化、肝癌组织进行核酸原位杂交，检测其表达水平，结果显示正常肝细胞和肝硬化细胞的胞质及胞核内均出现蓝色的阳性颗粒，正常肝细胞的核阳性强于肝硬化肝细胞。肝细胞癌（HCC）细胞阳性表达颗粒位于胞质，胞核几乎无表达，进而推测肝癌细胞中存在硒蛋白 mRNA 的表达缺失，硒蛋白基因的缺失可能与肝癌的发生有关。另一方面动物试验证明在饲料和饮水中加入硒能够抑制多种致癌物质对试验动物的致癌作用。于树玉等人在肝癌高发区江苏启东用补充亚硒酸钠的方法研究发现，随着补硒时间的增加，补硒人群血硒水平显著高于对照组（$P < 0.05$），GSH-Px 也逐渐增高，同时，肝癌发病率下降，从而获得了硒可以抑制癌症的直接证据。近年来的研究表明，癌症患者体内硒水平下降不仅与摄入硒较少及肝功能受损，进而导致机体对硒代谢发生障碍有关，而且与癌组织对硒富积有关。癌组织对硒的富积会进一步削弱机体抵抗氧化损害的能力。

8. 硒与糖尿病

硒与糖尿病的发生、发展关系紧密，有研究发现，糖尿病患者体内普遍缺硒，其血液中的硒含量明显低于健康人。硒具有与作为激素的胰岛素相似的作用，可直接调节人体内的糖分，有利于糖尿病患者体内糖分的分解代谢。缺硒时胰腺内锰过氧岐酶（Mu-SOD）含量明显减少，引起自由基消除受阻，导致胰岛 B 细胞的功能障碍，胰岛素分泌减少。缺硒时会引起血清胰岛素 C 肽水平明显下降，胰岛内胰岛素与 C 肽分泌贮备明显减少，并伴有血及胰腺组织 GSH-Px 活性明显升高，说明缺硒是引起胰岛损害的原因之一。缺硒可使实验小鸡胰腺发育停滞、纤维化和功能下降。因此，硒对维持胰岛正常功能、预防糖尿病具有很重要的作用。

9. 硒对胎儿发育的影响

元素硒是 GSH-Px 的组成成分，在消除自由基以及保护细胞膜、核酸、蛋白质的正常结构和功能方面起重要作用，是人类胚胎早期必需的微量元素。我国学者也发现因健康不良死亡的早产儿及足月儿血清硒明显低于正常儿。1996 年王懿贤等报道分娩畸型儿、流产、早产、胎儿宫内发育迟缓的孕妇血清硒明显低于对照组。2002 年李颖等人测定大连市健康孕妇血样 190 例，患孕高症孕妇血样 86 例，血硒含量分别为 113.2 Lg/L、（93.7 + 36.1）Lg/L，两者有显著差异（$P < 0.01$），前者为后者的 1.2 倍，所以孕妇需注意补硒。另外，硒元素还与肝硬化、克山病、大骨节病、小儿佝偻病等疾病有一定的关系。

（九）重金属锑（Sb）暴露的健康效应

锑可以通过呼吸、饮食或皮肤等暴露途径进入人或动物体内，其在人体中的平均含量为 0.1μg/g。锑在人体各组织中的含量水平有所不同，其中，以骨骼中的含量最高，其次是头发，血液中的含量最低。不同形态的锑进入血液后储留的位置不同，五价锑主要存在于血浆中，而三价锑则主要存在于红细胞中。

1. 急性毒性

锑的急性毒性在临床医学上已有很多报道。锑可通过职业暴露、食物摄入及药剂服用等多种暴露途径引起急性中毒。临床观察发现，经吸入暴露锑的急性毒性作用靶器官为皮肤和眼睛，其临床表现为"锑末沉着症"（汗腺和皮脂腺周围长有带脓疱的皮疹）、结膜炎、视神经损伤及视网膜出血等症状；而经口暴露锑的急性毒性作用靶器官为肠、胃、肝脏、肾脏以及心脏，在临床上表现为呕吐、腹痛腹泻、血尿、肝肿大、痉挛以及心律紊乱等。例如，20 世纪 40 年代，英格兰东北部的 Tyneside 锑加工厂工人长期暴露于 0.5 mg/m^3 的锑环境中，导致多种疾病的发生。

自 1957 年南斯拉夫首次报道了塞尔维亚锑冶炼厂工人的职业尘肺病后，该病的临床医学特征及其病因机制也逐渐被揭示出来。锑尘作用的靶细胞是肺巨噬细胞，表现为细胞弥漫性炎性病变，进而导致细胞间质纤维化和胶原纤维化形成，最终导致尘肺病的产生。其临床表现主要为肺泡 I 型上皮细胞减少，而肺泡 II 型上皮细胞及肺泡巨噬细胞增加，同时，出现以肺间质为主的慢性纤维细胞增生性炎症、轻度纤维化及增生性细胞病灶的形成。

锑对肺部的致病作用也已得到广泛认同，但其对心脏的危害尚未引起较多的关注。早在 1927 年，Chopra 就在动物试验中注意到锑可对心脏产生明显的危害作用。酒石酸锑钾是一种治疗血吸虫病的药物，但如果长期或大剂量服会出现较为严重的心脏毒副作用。锑药剂急性中毒导致的心脏疾病主要表现为早搏、心律不齐及阵发性心动过速。1957 年，朱鼐等人通过对锑药剂中毒死亡的家兔心脏组织切片研究发现，锑可造成心肌组织的实质性损伤；进一步研究发现，锑还通过机体内部末梢感受器的反射作用影响中枢神经系统，并对心脏功能发挥抑制作用。

1967 年，Belyeava 报道称，吸入暴露的锑能引发人及动物的早产和自然流产，从事锑加工作用的孕期女职工流产率显著升高。动物实验也发现，锑可导致小鼠卵子畸形及出生率下降。

2. 慢性毒性

锑冶炼厂的职业工人长期暴露在含锑环境中，通过呼吸道、皮肤吸入锑尘；一些含锑产品（如含有阻燃剂的床垫、窗帘以及药用锑等）也会向环境释放一定量的锑。这些产品的使用都会使人长期暴露于低剂量的锑中。人们在享用含锑产品带来益处的同时，却往往忽视了锑的慢性毒性对人体所带来的危害。经吸入暴露锑的慢性毒性作用靶器官最初为呼吸系统，其临床症状主要表现为肺功能改变、慢性支气管炎、肺气肿、早期肺结核、胸膜粘连和尘肺病；除呼吸系统外，锑慢性毒性作用的靶器官还包括心血管系统和肾脏。人长期吸入 SbH_3 后，会出现红血球溶解、肌红蛋白尿症、血尿症以及肾衰竭。

锑还具有潜在的致癌风险。流行病学调查发现，锑冶炼工人患癌症的风险较高。Jones 对某锑矿区的调查发现，1961—1992 年该矿区男性工人肺癌死亡率较 1961 年前有显著的上升，而该比率的上升恰好与该矿区于 1961 年新增锑加工作业这一事件相吻合，这一发现使得锑被定为疑似致癌物。但该调查结果仍然无法排除其他致癌因子，如工人同时接触砷、多环芳香烃以及吸烟习惯等对人体致癌的影响。Schnorr 等人通过对 1937—1971 年工作在锑冶炼厂的 1014 名男性职工的死亡率的回顾性调查发现，该人群死于肺癌的比率也较高，且其癌症罹患与锑暴露时间呈显著的正相关关系；但作者还指出，肺癌的死亡率增高可能还与冶炼过程中的砷暴露有关。

（十）重金属锡（Sn）暴露的健康效应

锡在 20 世纪 70 年代才被公认为人体生命活动必需的微量元素之一。经研究证明，它与黄色酶活性有关，并能促进蛋白质及核酸反应，有助于身体生长发育。它对人体进行各种生理活动和维护人体健康有重要影响。

1. 缺锡引起的相关疾病

因为锡缺乏的现象很少，所以产生的疾病及症状不是很多，据目前研究成果所知，人体内缺乏锡有可能导致蛋白质和核酸代谢异常，使人体发育缓慢，特别是儿童，如果锡补充不够，将会影响其生长发育，如果长期缺乏锡则有可能引发侏儒症。

2. 高锡引起的中毒现象

（1）无机锡中毒。当人体摄取过量无机锡或化合物时，可出现中毒症状，如恶心、腹泻、腹部痉挛、食欲不振、胸部紧懑、喉咙发干、口内有金属味等，还可能有头疼、头晕、狂躁不安、记忆力减退甚至丧失等神经症状。在锡的冶炼过程中，工人长期吸入锡的烟尘后，会逐渐出现轻度呼吸道症状，如咳嗽、胸闷、气促等，肺通气功能降低。

（2）有机锡中毒。与无机锡化合物不同，有机锡化合物多数有害，属神经毒性物质，其毒性与直接连在锡原子上基团的种类和数量有关。同类烃基锡中，毒性随化合物的相对分子质量的减少而增强，且带侧链多者毒性较强。部分有机锡化合物是剧烈神经毒剂，特别是三乙基锡，它们主要抑制神经系统的氧化磷酸化过程，从而损害中枢神经系统。有机锡化合物中毒会影响神经系统能量代谢和氧自由基的清除，引起严重疾病，如脑部弥漫性的不同程度的神经元退行性变化、脑血管扩张充血、脑水肿和脑软化，出现严重而广泛的脊髓病变性疾病，全身神经损害引起头痛、头晕、健忘等症状，还有严重的后遗症。有机锡中毒目前尚无特效解毒药，治疗以对症、支持疗法为主。患者卧床休息，重症者输氧，调节体液电解质平衡，积极防治脑水肿和脑损伤。

（3）锡中毒的其他影响。锡及其化合物的毒性还可以影响人体对其他微量元素的吸收和代谢，如锡能影响人体对锌、铁、铜、硒等元素的吸收等；降低血液中钾离子等的浓度，从而导致心律失常等疾病。

（十一）重金属铊（Tl）暴露的健康效应

铊是一种柔软且具有延展性的重金属元素，铊不是人体必需的微量元素，正常人体内含量极少。此外，铊还具有高毒性，其毒性远远超过了铅、镉和砷，一般认为致死量为 12 mg/kg。铊作为重金属之一同样具有其他重金属的一些共性，它在人体中具有蓄积性（一般 20～30 年），也正是因为这样，铊对人体的毒害作用往往具有潜伏性，容易被人忽视。人体铊暴露引起的铊中毒症状主要表现为疲劳、失眠、头痛和肌肉疼痛。

1. 铊的毒性机理

铊的毒性机理现在尚未完全清楚。一般认为，铊及其化合物可通过干扰依赖钾的关键生理过程、影响 Na^+/K^+ - ATP 酶的活性和特异性与巯基结合而发挥其毒性作用。一价铊离子和钾离子具有相同的电荷和相近的离子半径，所以它遵从钾的分布规律，并且干扰改变依赖钾的关键生理过程。许多研究表明，铊及其化合物进入人体后，可溶性的铊离子能与细胞膜表面的 Na^+/K^+ - ATP 酶竞争结合进入细胞内，然后与线粒体表面的含巯基基团结合并抑制其氧化磷酸化过程，干扰含硫氨基酸代谢，抑制细胞有丝分裂，抑制毛囊角质层生长。此外，铊及其化合物还对油脂过氧化物有显著的影响，它会使油脂过氧化物在大脑中积累；同时，它可与维生素 B_2 及维生素 B_2 辅酶作用，破坏钙在人体内的平衡。

2. 铊对人体的危害

铊曾经被广泛用来做杀虫剂和杀鼠药，从而引起了许多铊中毒事件的发生。如在美国西北部的某一地区，由于大量使用铊硫酸盐来防治害虫，这些含铊溶液进入土壤进而富集，当地居民长期食用这些污染土壤上种植的食物，从而导致

27 人中毒死亡。Munch 对 8006 位用剂量为 8 mg/kg 的乙酸铊治疗头癣的小孩进行了跟踪调查研究。研究发现，在治疗过程中有 447 例患者出现了铊中毒的现象，其中 6 名患者死亡。此外，Munch 还对另外 778 例铊中毒的事件进行研究，发现铊中毒的致死率为 6%。基于铊具有高毒害性，很多国家现已禁止使用铊及其化合物作为杀虫剂和杀鼠药；但由于它们的高效性，铊在一些发展中国家依然被用来做杀虫剂和杀鼠药，这应该引起当地政府部门更多的关注。铊对人体的危害主要表现为急性铊中毒和慢性铊中毒。急性铊中毒主要发生于与皮肤接触或口服铊化合物后，主要表现为神经系统和消化系统症状：首先表现出厌食、恶心、呕吐、腹痛等，并伴有蛋白尿、少尿或血尿；继而出现惊厥、谵言、心动过速、指甲出现米斯线（Mess lines）等，严重者可出现循环衰竭；幸免于死的患者，在 10～20 天内，会发生毛发及体毛脱落这一典型的铊中毒症状。

与急性铊中毒相比，慢性铊中毒对人体的危害更大。慢性铊中毒主要发生在典型的铊矿区、含铊矿石选矿厂和冶炼厂、发电厂（用含铊煤作燃料）等附近。铊及其化合物在矿坑废水和冶炼废水中高度聚集，进而污染土壤，长期食用这些土壤上种植的食物或饮用铊污染的水均会导致慢性铊中毒。选矿厂和发电厂附近的空气粉尘中铊含量较高，其被人体吸入后在体内累积也会导致慢性铊中毒。慢性铊中毒的突出特点是早期诊断难度大，容易被忽视，这是因为铊具有蓄积性，往往滞后发病。慢性铊中毒的主要症状为：神经损害，早期表现为双下肢麻木、疼痛过敏，很快出现感觉、运动障碍；视力下降，可见视网膜炎，球后视神经炎以及神经萎缩；毛发脱落；致畸和致突变性。

我国黔西南地区由于金汞矿（伴生有铊）资源开发利用，大量矿渣废料中的铊含量达 25～106 mg/kg，这些废矿渣中的铊元素经雨水的淋滤作用迁移进入土壤造成了环境铊污染。该地区土壤的 pH 值季节性地出现变化，大大提高了土壤中铊元素的活性，从而使生长在该地区的蔬菜中的铊含量进一步增高，当地居民由于长期食用这些蔬菜导致人群慢性中毒事件。据报道，该地区有 400 多人出现铊中毒症状，先后 6 人死亡。

第四章 土壤重金属生态地球化学来源解析

第一节 土壤重金属来源途径

土壤中重金属元素的来源主要有自然来源和人为干扰输入两种途径。在自然因素中，成土母质和成土过程对土壤重金属含量的影响很大。在各种人为因素中，则主要包括工业、农业和交通等来源引起的土壤重金属污染。以下主要就受人为作用影响的土壤重金属污染来源进行介绍。

一、不同工矿企业对重金属积累的影响

工业过程中广泛使用重金属元素，工矿企业将未经严格处理的废水直接排放，使得它们周围的土壤容易富集高含量的有毒重金属。企业排放的烟尘、废气中也含有重金属，并最终通过自然沉降和雨淋沉降进入土壤。矿业和工业固体废弃物在堆放或处理过程中，由于日晒、雨淋、水洗等，重金属极易移动，以辐射状、漏斗状向周围土壤扩散，固体废弃物也可以通过风的传播而使污染范围扩大。

有报道称，南京某合金厂周围土壤中的 Cr 大大超过土壤背景值，Cr 污染以工厂烟囱为中心，范围达到 115 km^2。Mesha Likna 等人研究了俄罗斯一硫酸生产厂周围土壤中元素的污染及其空间变异后发现，在距烟囱 1～2 km 外的土壤中仍能监测到高含量的钒和砷。

二、农业生产活动影响下的土壤重金属污染

农业生产，尤其是近代农业生产过程中含重金属的化肥、有机肥、城市废弃物和农药的不合理施用以及污水灌溉等，都可以导致土壤中重金属的污染。重金属元素是肥料中报道最多的污染物质，化肥中品位较差的过磷酸钙和磷矿粉中含有微量的 As、Cd 重金属元素。与传统的有机肥肥源相比，当前有机肥肥源大多来源于集

约化的养殖场，而这些养殖场大多使用饲料添加剂。据报道，目前的饲料添加剂中常含有大量的 Cu 和 Zn，这使得有机肥料中的 Cu、Zn 含量也明显增加，并随着肥料施入农田。许多农用化学品如 Cu 制剂，含 Hg、As 的制剂使用后也会使土壤遭受污染。利用污水灌溉已成为农业灌溉用水的重要组成部分，中国自 20 世纪 60 年代至今，污灌面积迅速扩大，以北方旱作地区污灌最为普遍，约占全国污灌面积的90% 以上，污灌导致土壤重金属 Hg、Cd、As、Cu 等含量的增加。

此外，农业生产中的畜禽养殖业也是一个不可忽视的重要方面。随着规模养殖业的发展，其对周围土壤的污染也越来越严重，原因是养殖场使用的配方饲料中往往添加适当比例的重金属元素，饲料本身也存在被污染的问题，饲料中过量的重金属元素通过所饲养动物排泄到土壤或水域中，或通过有机肥的形式施入农田，从而造成了对土壤的污染。

三、交通运输对土壤重金属污染的影响

道路两侧土壤中的污染物主要来自汽车尾气排放及汽车轮胎磨损产生的大量含重金属的有害气体和粉尘的沉降，污染元素主要为 Pb、Cu、Zn 等元素。它们一般以道路为中心成条带状分布，污染强度因距离公路、铁路的距离以及城市和交通量的大小不同有明显的差异。如在法国索洛涅地区的 A71 号高速公路沿途重金属 Pb、Zn、Cd 污染严重。Fakayode 和 Owolabi 研究了尼日利亚不同交通密度公路边表层土壤中 Pb、Cd、Cu、Ni 和 Zn 的分布，结果表明，在车流密度大的公路两侧土壤中重金属含量要高于车流密度小的公路两侧土壤，且随着距公路距离的增大，重金属含量快速降低，到距公路 50 m 左右的地方，重金属含量基本降低到背景值水平。

四、医疗废物对土壤重金属污染的影响

医疗废物是指医疗卫生机构在医疗、预防、保健以及其他相关活动中产生的具有直接或者间接感染性、毒性及其他危害性的废物。目前，垃圾焚烧技术凭借高温无害化、减容和减重的优点，在我国得到了迅速的推广和应用。但是，城市医疗垃圾焚烧厂的兴建与长期运行将带来二次污染问题，烟气排放中的重金属的环境毒性及其健康危害已引起了社会的广泛关注。医疗垃圾焚烧产生的二次污染物对周边土壤污染产生重要影响。土壤中重金属的来源主要为焚烧厂排放的重金属在大气环境中沉降所致。彭晓春等以广东省某医疗垃圾焚烧厂为研究对象，通过采集分析处理厂及周边土壤和植物样品中的重金属含量，发现医疗垃圾焚烧厂周边土壤和植物中重金属含量轻度超标。医疗垃圾焚烧厂周边土壤中的重金属污

染为中度污染，而植物则受到轻微污染。杨杰等为研究医疗废物焚烧炉对周边土壤中重金属含量的影响，对某典型焚烧厂周围土壤进行了运行前和运行 5 年（2007—2012 年）后重金属含量的采样分析，研究表明，医疗废物焚烧厂是该区域土壤中重金属的重要污染来源之一。

五、旅游干扰对土壤重金属污染的影响

旅游对土壤的影响已成为当今旅游生态影响研究的重点内容之一，由于旅游活动的影响，已经导致许多旅游景区土壤重金属含量上升。景区土壤重金属的可能来源有以下几个方面：① 景区机动车辆排放的含有重金属的废气和烟尘降落到景区；② 游客鞋底的携带物质及其磨损，游客丢弃的含有重金属的垃圾（塑料、电池等）；③ 旅游修建活动散落到景区的建筑材料和建筑垃圾；④ 景区香客燃烧的香灰中可能含有多种重金属等。马建华和李灵分别研究了嵩山景区、武夷山风景区旅游活动对土壤重金属污染的影响，发现旅游活动使土壤重金属含量有上升趋势，但影响程度相对较低。

第二节　土壤重金属来源解析方法研究

在自然和人为输入的影响下，土壤重金属的来源复杂。国内外众多学者分别用多元统计、地统计及空间分析等方法对各种尺度条件下的土壤重金属来源进行了研究。多元统计方法研究元素的组合特征，定性区分自然和人为来源；GIS（地理信息系统）技术可直观地判断重金属分布成因；综合运用多元统计和地统计方法可解释和鉴别土壤重金属来源。区别土壤重金属污染来源的方法主要包括对元素进行化学形态研究、剖面分布、同位素示踪研究以及进行空间分析和多元统计等。

一、重金属的化学形态研究

通过元素的化学形态研究来判别土壤中污染物的来源是基于自然还是人为来源。目前，国内外学者根据 Tessier 的方法把土壤中重金属的形态分为可交换态、碳酸盐结合态、铁锰氧化物结合态、有机硫化物态和残渣态。如卢瑛等采取 Tessier 连续提取法，研究了南京市不同城区表层土壤中 Fe、Mo、Cr、Ni、Co、V、Cu、Zn、Pb 的化学形态，结果表明，人为输入的重金属不但增加了城市土壤中重金属

的含量，同时也改变了其化学形态分布。人为输入使城市土壤中 Pb 残渣态所占比例大大降低，导致南京城区土壤与非城区土壤相比较，非残渣态比例增加，Pb 的活性增大，对环境的危险性增大。莫争等人研究发现，土壤中本底重金属以不同的形态分布，其中绝大部分以残渣态存在于土壤中，而外源重金属进入土壤以后会不断地发生形态转化，最后主要是在铁锰氧化态、有机态和残渣态间积累。Teutsch 等人对采自以色列一条主要公路旁的土壤中的 Pb 进行连续提取后发现，自然来源的 Pb 主要以铝硅酸盐结合态（约60%）、铁氧化物结合态（约30%）存在，较少的部分以碳酸盐和有机结合态（约10%）存在；而人为来源的 Pb 同它相反，主要以碳酸盐结合态（约40%）、铁氧化物结合态（约35%）存在，而以铝硅酸盐结合态（约15%）和有机结合态（约10%）存在的较少。

二、元素剖面分布

在土壤剖面中，外源重金属大都富集在土壤表层，比较难向下迁移。张民对我国菜地土壤中某些重金属元素的分布进行了研究，结果表明，重金属元素（如 Cu、Pb、Zn）在菜地土壤剖面中的分布以表层含量最高。邵学新等人对苏南张家港市土壤的研究发现，由于土壤对重金属的固定作用，使得它们不易向下迁移，多集中分布在表层。因而，利用浅、深两层土壤元素含量关系，可以为土壤元素异常成因判别提供重要的证据。如王祖伟等人利用土壤 A 层和 C 层中微量元素的比值来消除土壤质地的影响，从而讨论人为活动对土壤污染的影响。Blaser 等按土壤发生层次采集了瑞士森林的不同土壤，通过计算元素的富集指数来区别导致土壤表层元素含量异常的是人为污染还是自然来源，并指出元素富集指数由于考虑了土壤元素含量的剖面分布和自然变异，因而此方法要优于仅仅通过识别表层元素是否超过最大允许浓度来判断土壤是否被污染的方法。

三、同位素示踪研究

同位素示踪研究是地球化学领域经典的研究方法。地球化学领域根据稳定同位素的分馏原理，常用各种元素的同位素成分来区分各种地质体的物质来源。其中铅同位素的研究较多，它在环境检测中的应用始于 20 世纪 60 年代，从 90 年代开始被广泛用于环境样品，以监测和示踪铅的来源变化。在国外这种方法已越来越多地被应用于土壤地球化学领域研究污染物的来源，并且此方法能有效地区分出自然来源和人为来源。近年来，我国的一些学者对有关工作也进行了一些尝试，但相对应用较少，如路远发等人对杭州市土壤 Pb 污染进行了 Pb 同位素示踪研究，将土壤与杭州市的汽车尾气、大气等环境样品进行对比发现，随着土壤受污染程度的增加，Pb 同位素组成逐渐向汽车尾气 Pb 漂移，表明汽车尾气排放的 Pb 为其主要污染源；杨元根等人对贵州省榨子厂附近一个废弃多年的古老土法炼锌点土壤和沉积物中重金属的积累及污染程度进行了研究，同位素示踪结果显示，该区土壤和沉积物中积累的 Pb 来源于矿山物质。

四、空间分析

应用 GIS 技术分析异常空间分布与污染源的关系有可能直观地判断出异常的成因。如 Lmperato 等人对意大利那不勒斯市土壤 Cu、Cr、Pb 和 Zn 的空间分布的研究表明，这些元素高含量的点主要分布于该市的东部，与重工业和石油精炼厂的分布位置一致，Cu 则明显地在铁路和电轨线附近区域积累。国内对杭嘉湖、珠江三角洲以及其他地区大量的调查资料也表明，某些重金属类污染元素异常与城镇、工业和农业区等在空间分布上往往具有很好的对应性，由此可以初步判定环境污染是这类异常的主要成因。

五、多元统计

运用多元分析方法研究元素的组合特征及分布规律，有助于异常成因的解释推断，区分人为污染源和自然污染源。如王学松等人利用基于因子分析和聚类分析的多元统计方法将徐州城市表层 30 种元素的来源分成自然因子、燃煤因子、交通因子和混合源四类。桥胜英等人分析了 108 个取自漳州市不同功能区的表层土壤样品，运用相关分析和多元统计方法，探讨了影响土壤中重金属分布和来源的因素。结果表明，Hg 相对于其他元素表现较独立，S 对 Hg 有一定的捕获能力；As、Cr 和 Ni 是受控于成土母质的元素组合；Cd 和 Pb 是受人为污染影响较强的元素，Cu 来源于地质成因的比例较大；Zn 受控于土壤中锰氧化物粘粒。

第三节　顺德肝癌高发区土壤重金属的来源解析

土壤不仅是接纳和扩散各种污染物的库与源，而且还是污染物进入生物地球化学营养链的重要媒介。在众多的污染物中，土壤重金属由于其较长的半衰期及非生物降解性，能够在整个物质循环中长期存在，对人类健康构成严重威胁。土壤重金属元素来源受多种因素控制，如母岩物质、工业和农业活动等。在城市化和工业化快速发展的区域，基于以下两点原因使其保留的半农业土壤生态系统有较高的污染风险：首先，在产业转移的大背景下，为了减少成本，许多污染严重的工厂或企业开始转移到交通方便、离中心城市较近的农业生产区，这给土壤带来高工业污染风险；其次，在蔬菜地化肥、杀虫剂的大量使用或污水的灌溉，也是土壤重金属元素的重要来源。

佛山市顺德区在最近的 20 年，由于城市化、工业化的快速增长，外来人口不断增多，导致新鲜蔬菜需求量的大幅上升，加剧了蔬菜土壤的压力。此外，顺德是全国原发性肝癌高发区之一，年平均死亡率为 $26.84/10^5$。研究表明，肝癌致病因子可能与环境因子有关。本研究选择人体通过土壤—蔬菜暴露途经摄入重金属的源头——蔬菜土壤，综合采用多元统计和傅立叶和谱分析鉴定、解释土壤重金属的双重来源及其形成原因，为环境、土地管理提供参考依据。

一、区域特征

研究区位于珠江三角洲腹地的佛山市顺德区（22°40′~23°00′N，113°00′~113°16′E），面积约 500 km²，是西江、北江汇合形成的海陆混合沉积的三角洲，也是珠江三角洲主要的基塘农业区。近年来随着经济的快速发展，基塘生态系统已由过去单一的桑基鱼塘向蔗基、花基、菜基等类型多元化发展，物质流中增加了猪、鸭等养殖的中间环节。随着基塘生态系统结构的变化以及外部因素的影响，基塘生态环境质量逐渐下降。该区的土壤类型主要为人工堆叠土，土壤质地以中壤至重壤为主，部分质地属轻粘土。

二、样品采集和分析

在 2007 年 1 月，笔者对该区开展了农业土壤调查，在研究区蔬菜地采集了 208 个非根际的表层土（深度为 0~20 cm）样品（见图 4-1）。在均匀布点的原则下，样点位置主要由蔬菜种植区决定，为减少植物吸收的影响，在蔬菜之间采样。每一个样点由 4~5 个副样混合组成。将所有的样品在室温下（20 ℃~24 ℃）风干，除去石子和其他杂质，然后过 2 mm 的聚乙烯筛。取土壤部分样品（大约50 g）在玛瑙研钵中研磨，完全过 0.149 mm 筛。

全部样品在加工后由中国地质科学院廊坊物化探研究所进行分析测试。主要分析了土壤 pH 值、土壤矿物（SiO_2、Al_2O_3 和 Fe_2O_3）、As、Cd、Cr、Cu、Hg、Ni、Pb、Zn 等重金属含量。土壤 pH 值通过 pH 计测定土壤/水比率为 1:2.5 的溶液获得。Cr、SiO_2、Al_2O_3 和 Fe_2O_3 的总量由压片法 – X 射线荧光光谱（XRF）测定。用电感耦合等离子体质谱仪（ICP - MS）测定 Cd、Cu、Ni、Pb 和 Zn 的全量。用原子荧光光谱法（AFS）测定 As 和 Hg 的全量。分析过程中分别插入8%

的 GSS - 1、GSS - 2、GSS - 3 和 GSS - 8 等国家一级标准物质及 5% 的密码重复样进行分析质量监控，监控样的分析数据显示样品分析质量符合《生态地球化学评价样品分析技术要求（试行）》的规定要求。

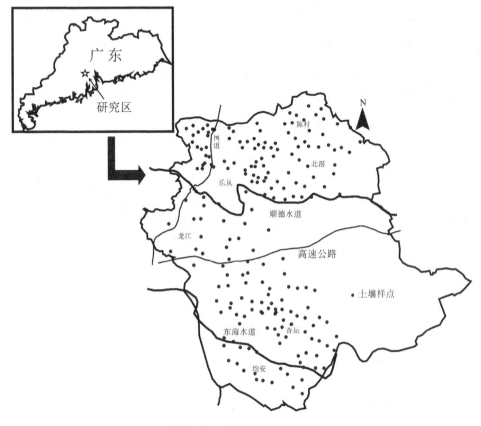

图 4 - 1 土壤采样点分布图

三、数据处理

描述性统计和多元统计（相关分析、因子分析和聚类分析）用 SPSS 16 完成，数据转换用 Minitab 15 处理，傅立叶和谱分析由 Surfer 8.0 完成，地图由 Arcgis 9.2 完成。

四、数据转换

在多元统计分析之前，必须检验所有重金属元素是否服从正态分布。土壤重金属元素的正态分布检验见表 4－1。

除了 Cr 和 Ni，其余重金属元素和 pH 的原始数据均没有通过 Shapiro－Wilk 法的正态性检验（S－W p＞0.05）。为了使数据服从正态分布，对原始数据进行了对数转换和 Box－Cox 转换。从表 4－1 可以看出，对数转换后的数据使大部分重金属元素有较小的偏度和峰度。与对数转换相比，经过 Box－Cox 转换的数据，其偏度更接近于 0，表明其分布更接近于正态分布。

表 4－1　土壤重金属元素及其属性的正态分布检验

数据集	参数	pH	As	Cd	Cr	Cu	Hg	Ni	Pb	Zn
原始数据	偏度	－0.58	4.65	6.49	－0.42	0.77	6.01	－0.16	6.01	2.80
	峰度	－0.84	24.39	45.73	0.24	1.38	42.54	0.046	44.67	10.40
	S－W p	0.00	0.00	0.00	0.06	0.00	0.00	0.24	0.00	0.00
对数转换	偏度	－0.82	2.13	1.46	－1.02	－0.47	0.65	－0.89	1.96	1.06
	峰度	－0.43	7.58	8.47	1.65	1.16	1.82	0.86	7.12	2.91
	S－W p	0.00	0.00	0.00	0.00	0.001	0.00	0.00	0.00	0.00
Box-Cox 转换	偏度	－0.20	0.10	0.23	0.00	0.17	0.07	－0.08	0.31	－0.26
	峰度	－1.32	1.74	4.32	0.00	0.79	1.82	0.15	1.64	1.54
	S－W p	0.00	0.00	0.00	0.98	0.02	0.00	0.56	0.00	0.00
	λ	2.80	－1.04	－0.31	2.00	0.39	－0.18	1.20	－0.90	－0.73

注：S－W p 表示 Shapiro－Wilk 正态检验的显著性水平；λ 表示 Box－Cox 转换的系数。

五、描述性统计

表 4－2 是关于土壤重金属元素浓度的描述性统计。从表 4－2 中可以看出：As、Cd、Cr、Cu、Hg、Ni、Pb、Zn 8 种重金属元素都在蔬菜土壤中富集，其平均浓度均高于广东省土壤背景值。其中，Cd、Hg、Pb、As 和 Zn 的变异系数均高于 30%，高浓度加上高的变异系数暗示了这些重金属元素的人为来源。然而，Cr、Cu、Ni 的变异系数均低于或等于 30%，低的变异系数表明这些重金属的来源可能是自然来源。

在研究区，Cd 的平均浓度（0.52 mg/kg）约是背景值（0.06 mg/kg）的 9 倍，Hg 的平均浓度（0.22 mg/kg）约是背景值（0.08 mg/kg）的 3 倍。此外，Cd 和 Hg 的变异系数分别高达 115% 和 151%，这也暗示了人为输入是 Cd、Hg 的主要来源。

对照国家土壤环境质量标准（GB 15618—1995）的二级标准，某些土壤样品中 Zn、Ni 的浓度超过了标准。这两种元素在一定浓度下是植物必需的微量营养元素，但一旦在土壤中的浓度超过其阈值，它们也将像其他污染物一样在植物体内产生毒性。因此，对这两种元素需采取监测措施，并阻止其进一步富集。

表 4 -2　土壤重金属元素浓度的描述性统计

（单位：mg/kg）

土壤元素及属性	pH	As	Cd	Cr	Cu	Hg	Ni	Pb	Zn
算术平均值	6.57	16.24	0.61	80.84	49.53	0.37	33.21	52.58	128.11
几何平均值	6.47	14.88	0.50	79.70	47.37	0.25	32.67	47.04	121.77
中位值	6.81	14.47	0.52	82.50	48.36	0.22	33.76	44.28	120.40
最小值	4.04	7.10	0.13	39.20	17.00	0.02	13.60	19.50	61.20
最大值	7.97	80.00	6.54	115.10	99.60	4.82	56.80	391.60	404.60
标准差	1.10	9.91	0.70	13.06	14.74	0.56	7.58	39.20	48.31
变异系数（%）	17	61	115	16	30	151	23	75	38
广东土壤背景值	—	8.90	0.06	50.50	17.00	0.08	14.4	36.00	47.3
国家土壤环境质量标准值	6.5～7.5	30	0.30	200	200	0.50	50	300	250

六、多元统计分析

（一）相关性分析

元素间的相关性提供了关于土壤中重金属来源和途径的有用信息。为了获得这些信息，笔者计算了 8 种重金属元素与土壤属性（pH、SiO_2、Fe_2O_3 和 Al_2O_3）之间的 Pearson 相关系数，结果见表 4 -3。

在 0.01 的显著水平，As、Pb、Zn 之间有很强的正相关性（r = 0.66 - 0.78），表明这三种元素有共同的影响因子。同时，Cu、Ni、Cr 之间也有很强的正相关性（r = 0.664 - 0.877），此外，这三种重金属元素与母岩风化的重要产物 SiO_2、Al_2O_3 和 Fe_2O_3 有很强的正相关性，这表明它们与土壤的硅酸铝相和土壤的氧化铁有很强的联系。因此，可以推断出与总 SiO_2、Al_2O_3 和 Fe_2O_3 正相关的重金属，主要是受自然输入影响。此外，As、Pb、Zn 和 Cd 与主量元素成分 SiO_2、Al_2O_3 和 Fe_2O_3 在 0.01 的显著水平有较低的相关性，这可能归因于这些元素的人为输入扰乱了它们与主量元素成分的最初相关性。除 Cd 外，土壤 pH 与其他重金属元素均无强相关性，这可能是在中碱性土壤环境下，pH 对重金属元素空间分布的影响受到一定限制，此种现象已被相继报道。

表 4 - 3　土壤重金属元素含量及土壤属性之间的 pearson 相关系数

	pH	As	Cd	Cr	Cu	Hg	Ni	Pb	Zn	SiO_2	Al_2O_3	Fe_2O_3
pH	1											
As	-0.24a	1										
Cd	-0.40a	0.52a	1									
Cr	0.18a	-0.45a	-0.44a	1								
Cu	0.09	-0.61a	-0.51a	0.66a	1							
Hg	0.15b	0.14	-0.01	-0.03	-0.27a	1						
Ni	0.18a	-0.41a	-0.51a	0.88a	0.67a	-0.04	1					
Pb	-0.05	0.69a	0.38a	-0.33a	-0.64a	0.48a	-0.30a	1				
Zn	-0.21a	0.66a	0.62a	-0.48a	-0.81a	0.33a	-0.49a	0.77a	1			
SiO_2	0.25a	-0.58a	-0.51a	0.85a	0.67a	-0.03	0.86a	-0.45a	-0.57a	1		
Al_2O_3	0.07	-0.54a	-0.43a	0.78a	0.60a	-0.04	0.79a	-0.52a	-0.56a	0.91a	1	
Fe_2O_3	0.16b	-0.48a	-0.37a	0.85a	0.66a	-0.08	0.90a	-0.31a	-0.45a	0.90a	0.79a	1

注：a 表示在 0.01 水平上显著相关（双尾检验）；b 表示在 0.05 水平上显著相关（双尾检验）。

（二）因子分析

为减少变量的高维度及更好理解重金属元素间的关系，笔者对 Box - Cox 转换后的数据进行因子分析。同时，为了确定因子的实际来源，还需进一步旋转因子，使每一个变量尽量只负荷于一个因子之上。表 4 - 4 是重金属元素含量的因子负荷分析结果。通过因子分析得知，8 种重金属可由 3 个公因子反映 83.9%。第一因子（F1）贡献率为 36.8%，Pb、As、Zn 和 Cd 在 F1 有较高的正载荷，Cu 在 F1 有较高的负载荷；第二因子（F2）贡献率为 29.8%，包括 Cr、Ni 和 Cu；第三因子（F3）贡献率为 17.3%，Hg 在 F3 有很高载荷，Pb 在该因子也有较高载荷。

（1）F1。因子 1 主要包括 As、Pb、Zn 和 Cd，是一种人为来源。据前面的讨论可知，As、Pb 和 Zn 的平均浓度已超过它们的当地背景值并中等地富集在土壤中，而且它们有高变异系数，Cd 的变异系数高达 115%。此外，研究区是快速城市化地区，工业气体和车辆尾气的排放可能加速它们在表层土的富集。

（2）F2。因子 2 包括 Cr、Ni 和 Cu，是一种自然来源。在本研究中，这 3 种重金属的变异系数很低，暗示了自然因子是控制它们的主要因素。而且，Cr、Ni

和 Cu 与 SiO$_2$、Al$_2$O$_3$ 等主要土壤成分也有显著正相关性，这表明其来源于成土母质，可能受到西江沉积物质的影响。Cu 在 F1 有较高负载，这可能暗示了 Cu 的多源性。

（3）F3。因子 3 仅包括 Hg，是一种人为来源。它与总 SiO$_2$、Al$_2$O$_3$ 没有相关性，同时，Hg 的变异系数高达 151%，这很清楚地表明 Hg 主要被人为因子控制。有研究表明，珠江三角洲 Hg 高含量区在区域上主要分布于城市、工业或农业种植区，属于典型的人为来源。顺德工业发达，工厂和公路毗邻蔬菜地，工业废气、尾气排放和大气沉降可能是 Hg 富集在土壤中的重要来源。Pb 在该因子有较高正载荷，可能暗示 Pb 的次要来源方式与 Hg 相同。

表 4 - 4　重金属含量的因子负荷

As	0.779	0.124	0.371	0.844	-0.206	0.066
Zn	0.885	0.219	0.147	0.809	-0.331	0.297
Pb	0.767	0.507	0.094	0.754	-0.116	0.521
Cd	0.694	-0.226	0.413	0.724	-0.340	-0.249
Ni	-0.749	0.506	0.339	-0.240	0.935	0.006
Cr	-0.747	0.485	0.344	-0.241	0.924	-0.013
Cu	-0.896	0.003	0.125	-0.599	0.613	-0.290
Hg	0.303	0.733	-0.506	0.089	-0.013	0.937
方差	55.920	17.504	10.539	36.800	29.817	17.347

（三）聚类分析

聚类分析能区分不同重金属元素组的来源是自然来源还是人为来源。对 8 种重金属进行聚类分析，结果用系统树状图表示（见图 4 - 2）。为了描述研究区复杂的真实性，可将重金属元素划分为 2 组：组 I，Cr、Ni、Cu；组 II，Pb、Zn、As、Cd、Hg。划分结果与因子分析结果一致。

组 I 由 F2 中的元素组成。这些元素主要受自然因子影响，它们与母质的铝硅相有很强的相关性。因此，成土母岩为这些元素提供一种自然来源，并且这与它们低浓度和低的变异系数所反映的结果是相同的。组 II 由 F1、F3 中的元素组成。这些元素主要受人为因子影响，如工业废气或交通废气的排放等影响。

此外，Cu、Zn、Cd、Hg 和 Pb 是亲硫元素，有研究者认为亲硫元素常以硫化物形式存在于土壤中。经以上多元统计分析发现，Cu 表现出与铁族元素（Cr、Ni）而不是与亲硫元素相似的来源。这是由于 Cu 与 Cr、Ni 等铁族元素同属第四周期过渡元素，它们的离子半径十分接近，因此在硅酸盐矿物中发生同晶置换时的性质相似。而以独立的或混合硫化物矿物形式存在的亲硫元素在表生条件下已大量淋失，人为输入成为其主要来源。

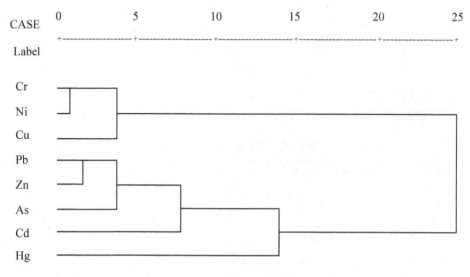

图 4-2　土壤重金属聚类分析结果

（四）傅立叶和谱分析

　　基于多元统计分析的结果，Zn 与 Cu 在 F1 和 F2 都有较高载荷，F1 为人为来源因子，F2 为自然来源因子，这说明 Zn 与 Cu 有双重来源。为了进一步解释 Zn 与 Cu 的双重来源，笔者又对重金属和土壤属性进行了傅立叶和谱分析。从图 4-3 可发现：As、Pb 和 Cd 是 SW-NE 方向，该方向代表 F1 的主要方向；Ni、Cr 和 SiO_2、Fe_2O_3、Al_2O_3 的方向一致（SE-NW 方向），该方向代表 F2 的主要方向。Zn 与 Cu 的空间相关分布为 S-N 方向，介于 F1 与 F2 的方向之间，可推断出它们来源于成土母质和工农业活动产生的"三废"，如农药、化肥的使用和采矿、冶炼、造纸、交通等人为活动产生的废气、废水。此外，Ni、Cr 和 Hg 的方向与研究区的盛行风方向一致（SE-NW 方向），Ni、Cr 的多元统计结果表明其主要来源是自然来源，主要来源于河流沉积物，它们与研究区的盛行风方向一致，这可能与西江流经该区的河流方向（SE-NW 方向）与盛行风方向一致有关；Hg 的多元统计结果表明其来源主要是人为来源，Hg 的方向与盛行风一致，表明 Hg 可能来源于大气，大量研究表明土壤中 Hg 的来源与大气沉降有关，由此可推断，研究区某些土壤 Hg 来源于大气沉降。

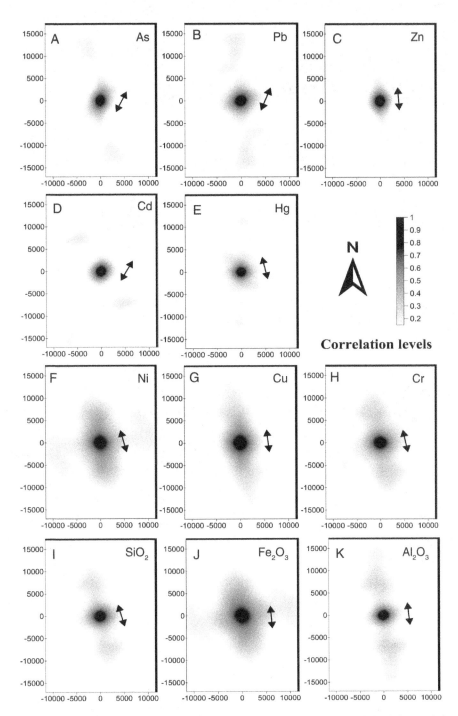

图 4 – 3　土壤重金属及其属性的空间相关图（横坐标表示东西方向的分离距离，纵坐标表示南北方向的分离距离，单位为 m）

第五章   土壤重金属生态地球化学空间分析

第一节   土壤重金属空间分布模型

一、地统计学

地统计（Geostatistics）又称地质统计，是在法国著名统计学家马瑟荣（G. Matheron）大量理论研究的基础上逐渐形成的一门新的统计学分支。它是以区域化变量为基础，借助变异函数，研究既具有随机性又具有结构性或空间相关性和依赖性的自然现象的一门科学。凡是与空间数据的结构性和随机性，或空间相关性和依赖性，或空间格局与变异有关的研究，并对这些数据进行最优无偏内插估计，或模拟这些数据的离散性、波动性时，皆可应用地统计学的理论与方法。

地统计学与经典统计学的共同之处在于，它们都是在大量采样的基础上，通过对样本属性值的频率分布或均值、方差关系及其相应规则的分析，确定其空间分布格局与相关关系。地统计学区别于经典统计学的最大特点是，地统计学既考虑到样本值的大小，又重视样本空间位置及样本间的距离，弥补了经典统计学忽略空间方位的缺陷。

半变异函数又称半变差函数、半变异矩，是地统计分析的特有函数。区域化变量 $Z(x)$ 在点 x 和 $x+h$ 处的值 $Z(x)$ 与 $Z(x+h)$ 的方差的一半称为区域化变量 $Z(x)$ 的半变异函数，记为 $r(h)$，$2r(h)$ 称为变异函数。其公式如下：

$$r(h) = \frac{1}{2N(h)} \sum_{i=1}^{N(h)} \left[Z(x_i) - Z(x_i + h) \right]^2 \qquad (5-1)$$

二、插值方法

克里金插值法（Kriging）又称空间局部插值法，是以变异函数理论和结构分析为基础，在有限区域内对区域化变量进行无偏、最优估计的一种方法，是地统计学的主要内容之一。1951年，南非矿产工程师 D. R. Krige 在寻找金矿时首次运用了这种方法，法国著名统计学家马瑟荣随后将该方法理论化、系统化，并将其命名为"Kriging"，即克里金插值法。

克里金插值法的适用前提是区域化变量存在空间相关性，即如果变异函数和结构分析的结果表明区域化变量存在空间相关性，则可以利用克里金插值法进行内插或外推；否则反之。其实质是利用区域化变量的原始数据和变异函数的结构特点，对未知样点进行线性无偏、最优估计。无偏是指偏差的数学期望为0，最优是指估计值与实际值之差的平方和最小。也就是说，克里金插值法是根据未知样点有限邻域内的若干已知样本点数据，在考虑了样本点的形状、大小和空间方位，与未知样点的相互空间位置关系，以及变异函数提供的结构信息之后，对未知样点进行的一种线性无偏、最优估计。

地统计分析的核心就是通过对采样数据的分析、对采样区地理特征的认识选择合适的空间内插方法创建表面。其公式如下：

$$Z(x_0) = \sum_{i=1}^{n} \lambda_i Z(x_i) \tag{5-2}$$

式中，$Z(x_0)$为未知样点的值；$Z(x_i)$为未知样点周围的已知样本点的值；λ_i为第i个已知样本点对未知样点的权重；n为已知样本点的个数。

土壤重金属在地理空间上的分布，表明了它们是区域化变量。

三、空间集聚和空间离散

土壤重金属热点以聚集的形式存在（空间集聚），也以单点形式存在（空间离散）。土壤重金属的空间集聚是一个高含量的样点被其他高含量的样点包围。相反，土壤重金属的空间离散是一个高含量的样点被其他正常含量或低含量的样点包围。局部 Moran's I 可区分空间集聚和空间离散：

$$I_i = \frac{z_i - \bar{z}}{\delta^2} \sum_{j=1, j \neq i}^{n} [w_{ij}(z_j - \bar{z})] \tag{5-3}$$

式中，z_i是变量z在i点的值；$\bar{z}$表示n个z值的均值；z_j表示变量z在其他所有样点的值（$j \neq i$）；δ^2是变量z的方差；w_{ij}表示权重，定义为样点i与样点j之间距离的倒数。在本研究中，以距离尺度决定权重，当样点i与j之间的距离小于选

定的尺度值 d 时，权重 w_{ij} 等于 1，而其余大于尺度值 d 的样点权重 w_{ij} 为 0。

如果某样点的局部 Moran's Ⅰ 值是正数且数值较高，则暗示该样点重金属含量与邻近的样点有类似高的或低的含量，说明这些样点有空间集聚性。空间集聚包括了高—高值和低—低值集聚。在土壤污染中，低—低值集聚称为"冰点"，而高—高值集聚称为"区域性热点"。

如果某样点的局部 Moran's Ⅰ 值是负数且数值较高，这意味着该样点是一个空间离散点。空间离散点的含量明显不同于其邻近样点的含量。空间离散包括高—低值和低—高值离散。在土壤中，高—低空间离散被认为是孤立的"个别热点"。

"冰点"与"热点"鉴定结果常常被加权函数、数据转换和数据极值影响，用去极值的原始数据所得的局部 Moran's Ⅰ 值类似于数据转换后的结果。

第二节　珠江三角洲土壤 Cd 的空间分布特征

一、研究区概况

研究区域涵盖珠江三角洲经济区范围，包括广州市、深圳市、珠海市、佛山市、江门市、东莞市、中山市、惠州市区、惠阳县、惠东县、博罗县、肇庆市区、高要市、四会市共 14 个市、县。地理坐标为东经 $112°00'\sim115°24'$，北纬 $21°43'\sim23°56'$。涉及面积 41698 km^2，约占广东省陆地面积的 23.2%。

二、土壤 Cd 空间结构分析

Cd 拟合了球面模型（见表 5-1）。决定系数为模型的精度，其值越高模型的拟合越好，土壤 Cd 决定系数均大于 0.9，这表明所模拟的模型较能反映现实。变程是指变异函数达到基台值所对应的距离，表明空间自相关范围，其变化也反映出引起变异主要过程的变化，Cd 的变程为 100 km 左右。块金比例可以表征随机成分在变量空间变异中所占的比例。Cambardella 等人（2002）认为块金比例小于 25%、等于 25%～75%、大于 75% 分别代表强、中、弱 3 种程度的空间相关性。空间相关性是由结构性因素和随机性因素共同作用的结果。结构性因素如气候、母质、土壤类型等可导致强的空间相关性；随机性因素如施肥、耕作措施等各种人为活动使空间相关性减弱。对比土壤重金属及其属性的块金比例可发现，土壤 Cd 有中等空间相关性（见图 5-1）。

表 5-1 土壤 Cd 理论半变异模型拟合参数

土壤元素	模型	块金值	基台值	变程（m）	块金比例	决定系数（R^2）
Cd	球面	0.058	0.151	125700	0.38	0.985

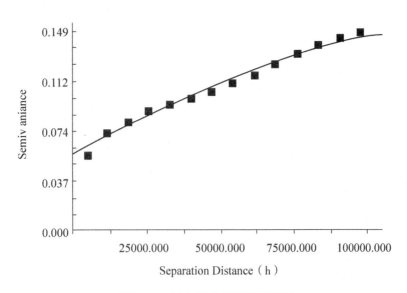

图 5-1 土壤 Cd 的半变异函数图

三、空间分布特征及成因分析

为了解表层土壤中 Cd 的空间分布类型，用克里金插值法可获得由等高线填充的预测图（见图 5-2）。研究区现阶段已经或将要启动重化工业大规模发展的地区以及珠江三角洲重要的大型重化工业基地的空间分布基本上集中在以广州、深圳、东莞、佛山、珠海等城市构成的环珠江内圈层工业及经济发达地带，如机械工业分别形成以广州、深圳、佛山为核心的空间集聚区，汽车工业则形成以广州的经济技术开发区、南沙黄阁国际汽车产业园、花都汽车城为三大集聚中心，包括佛山、中山、深圳等在内的以客货车、专用车及汽车零配件供应为主的汽车生产格局。外圈层城市中除江门银洲湖地区、惠州大亚湾地区将形成大型临港重工业基地外，其余地区的重工业发展基础十分薄弱甚至几乎为一片空白，如惠州的博罗以及江门的恩平、台山等现阶段工业经济较为落后的县、区也将构成未来珠江三角洲重化工业发展的空间薄弱和稀疏区。

Cd 呈块状分布在珠江西岸，呈连片分布，并以此为核心，向周边地区发散呈点状分布。主要包括了广州市建成区、番禺区、南沙区，佛山市的禅城区、南海区、顺德区，中山的北部，江门的江海区、新会区，以及珠海的西部等地区。该区域属于珠江三角洲经济核心区域，工业发达，对环境有较大影响的重化工业基地如石化产业基地、机械产业基地主要分布在此区域。此外，Cd 在佛山高明有一个异常高值区，高明镇的 Cd 污染主要来自南海发电厂排放的废气。

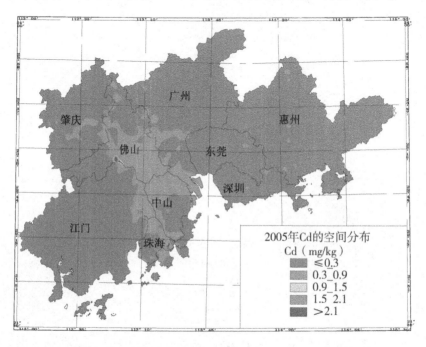

图 5-2　土壤 Cd 的空间分布图

第三节　肝癌高发区蔬菜土壤中 Ni、Cr 的空间热点分析

局部 Moran's I 是一种鉴定土壤重金属空间热点、区分空间集聚和空间离散的有用工具。国内外众多学者把局部 Moran's I 应用于环境科学、环境规划，以及鉴定疾病和死亡率热点等多学科领域。在环境科学领域，McGrath 等人在对土壤有机碳进行空间分析时，采用局部 Moran's I 对其空间异常值进行剔除，得到

较为满意的结果；Zhang 等人采用不同的统计方法对爱尔兰某城市土壤中的 Pb 含量进行空间异常值剔除，发现局部 Moran's Ⅰ对低值区空间异常值的剔除更有效率。但是，将地统计学方法运用到空间自相关分析中，弥补其不足之处的研究还是鲜见报道。本研究结合了地统计学与空间自相关分析 2 种空间分析方法，对土壤重金属 Ni、Cr 的空间热点进行了鉴定并提供显著性检验，在运用局部 Moran's Ⅰ区分 Ni、Cr 的空间集聚及空间离散时，空间插值预测图为决定局部 Moran's Ⅰ的距离尺度提供参考依据。顺德区位于珠江三角洲腹地，是全国三大原发性肝癌高发区之一。因此，有必要详查该区蔬菜土壤重金属的热点特征及空间分布。

一、空间结构分析

笔者用地统计学方法分析了土壤 Ni、Cr 的空间结构和插值分布图。Ni、Cr 的半变异模型拟合参数见表 5－2。

半方差函数显示土壤中 Ni、Cr 分布最优拟合了球形模型和指数模型。对比 Ni、Cr 块金比例发现，Ni、Cr 属于强空间相关。这表明结构性因素决定了 Ni、Cr 的空间相关性。Ni、Cr 的变程相当。结合块金比例和变程考虑，表明 Ni、Cr 有很好的空间结构以及主要来源于成土母质，这与前面讨论的结果是一致的。

表 5－2　Ni、Cr 的理论半变异模型拟合参数

元素	模型	块金值 C_o	基台值 $C_o + C$	变程 α/m	块金比例 $C_o/C_o + C$ /%	决定系数 R^2
Ni	球面	2	325.1	1160	0.62	0.311
Cr	指数	480000	4321000	1020	11.11	0.156

二、空间分布

为了解蔬菜土壤中 Ni、Cr 的分布类型，用克里金插值可获得由等高线填充的预测图（见图 5－3）。研究区北部主要有乐从、陈村和北滘等镇，中部主要是龙江镇，均安、杏坛镇主要位于南部。Ni、Cr 的空间分布示意了其相似的分布规律：北部、中部的点状富集，南部的斑块状富集。

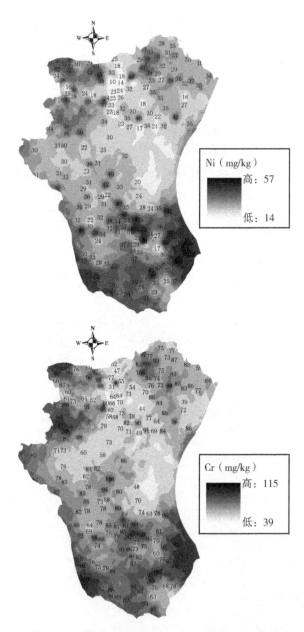

图 5-3　蔬菜土壤中的 Ni、Cr 空间分布示意图

三、热点分析

局部 Moran's I 是鉴定土壤重金属热点的一种有效的方法，由于无具体标准决

定最优距离尺度,在计算权重时,距离尺度的选择具有随意性。一般而言,距离尺度不应小于样点对的最小间距,也不能大于样点对最大间距的一半。空间分布图可为距离尺度的选取提供参考依据,本研究分别选取了3000 m、6000 m、9000 m作为距离尺度分析土壤Ni、Cr的空间热点(见图5-4、图5-5、图5-6)。

（一）热点与冰点的空间分布

对比分析发现,6000 m最适合作为距离尺度分析Ni、Cr的空间热点与冰点。图5-5是距离尺度为6000 m时,在0.05显著水平Ni、Cr的热点与冰点的空间分布示意图。从图5-5中可以看出,土壤中Ni与Cr的空间热点有类似分布。Ni的热点包括了"区域化热点"和"个别热点",它们分别在南部和北部分布,有36个"区域化热点"和23个"个别热点",占总样点的28%。Ni的冰点又称为低—低值空间集聚,其主要分布在北部,占总样点的21%。从图5-5中还可以发现,空间集聚与空间离散是伴随出现的,一般是高—高值空间集聚与低—高值空间离散伴随,低—低值空间集聚与高—低值空间离散伴随。Ni的高—低值空间离散主要分布在北部和中部,低—低值空间集聚伴随着高—低值空间离散分布;高—高值空间集聚和低—高值空间离散主要分布在南部地区;其余为无统计学意义的样点。38%的Ni样点分布属于空间集聚,19%属于空间离散。Cr的"区域化热点"主要分布在南部,少数几个分布在西北角,"个别热点"主要分布在北部,有25个"区域化热点"和23个"个别热点",占总样点的23%。Cr的冰点主要分布在北部,占总样点的18%。Cr的空间集聚与空间离散也是伴随出现的,Cr的高—低值空间离散主要分布在北部,低—低值空间集聚伴随着高—低值空间离散分布;高—高值空间集聚和低—高值空间离散主要分布在南部地区;其余为无统计学意义的样点。30%的Cr样点分布属于空间集聚,19%属于空间离散。

（二）热点来源

Ni、Cr的"区域化热点"主要分布在研究区南部,包括了杏坛与均安两镇。该区域属于西江流域,西江在流经上游富含Ni、Cr等重金属的基性、超基性岩时,携带大量富含Ni、Cr的物质沉积在该区域,Ni、Cr在该区域呈斑块状富集,主要受成土母质的影响;此外,Ni、Cr等铁族元素同属第四周期过渡元素,它们的离子半径十分接近,因此在硅酸盐矿物中发生同晶置换时的性质相似,这是Ni、Cr的"区域化热点"共同分布在南部的主要原因。

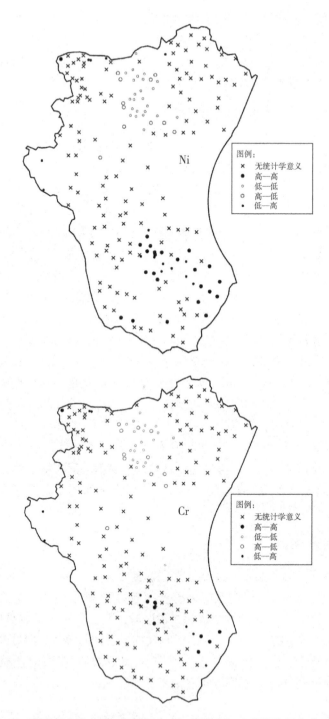

图 5-4 距离尺度为 3000m 时，Ni、Cr 的热点与冰点的空间分布示意图

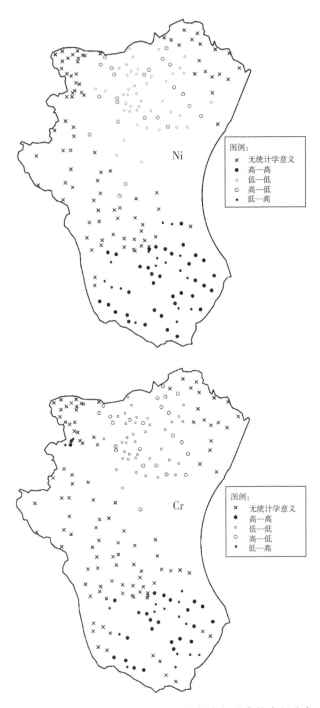

图 5-5 距离尺度为 6000m 时，Ni、Cr 的热点与冰点的空间分布示意图

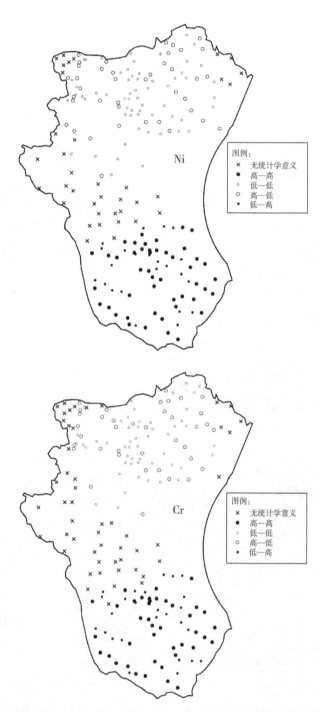

图5-6　距离尺度为9000m时，Ni、Cr的热点与冰点的空间分布示意图

　　Ni、Cr 的"个别热点"主要分布在北部，包括了乐从和陈村等镇。乐从位于研究区西北部，该镇有数百家印刷、家具及陶瓷制造等企业，Ni 的化合物常用于陶瓷工业，Cr 的诸多化合物被应用于制革、纺织品生产、印染等工厂中。陈村位于研究区的东北部，该镇主要分布一些锻造厂、五金厂和机械厂等，镍钢和不锈钢含有大量的 Cr，金属加工企业的废水中含 Cr 也最多，Ni、Cr 的"个别热点"主要由上述工厂排放的"三废"所致。

　　通过以上分析发现：土壤中 Ni、Cr 的"区域化热点"主要分布在原发性肝癌死亡率最高的区域——杏坛镇，这可能为排查原发性肝癌的环境致病因子提供一种思路，而且，两者区域分布的一致性是偶然还是必然，需要进一步求证。

第六章　土壤重金属缓变型地球化学灾害

本章主要对珠江三角洲农田生态系统中土壤酸化区（pH < 5.5）的 8 种重金属 As、Cd、Cr、Cu、Ni、Pb、Zn 和 Hg 进行缓变型地球化学灾害特征识别，预测爆发缓变型地球化学灾害爆发临界点、爆发点及累积临界点所需的时间。

第一节　土壤重金属形态含量的分布特征

在 Tessier 浸提法的基础上把土壤中的重金属划分为 7 种形态：水溶态（M_W）、可交换态（M_E）、碳酸盐结合态（M_C）、腐殖酸态（M_{HA}）、铁锰氧化物结合态（M_F）、有机物结合态（M_{SO}）、残渣态（M_R）。重金属的总量为 7 种形态之和。原生相指残渣态，次生相指除残渣态外的其他 6 种相态。

从表 6 - 1 可知，8 种重金属各形态的平均含量占总量的分配比例差异较大。各元素水溶态占总量的比例以 Cd 最高，达 5.31%，其他元素水溶态所占的比例都很低，不到总量的 1%，尤以 Cr 和 Pb 最低，不到总量的 0.4%。离子交换态比例也表现为 Cd 远高于其他元素，各元素由大到小排序为 Cd（42.51%）、Pb（7.94%）、Zn（4.13%）、Ni（3.94%）、Cu（1.09%）、Hg（0.62%）、Cr（0.55%）、As（0.18%）。碳酸盐结合态比例也以 Cd 最高，占总量的 10.63%，其次是 Pb，达 5.8%，其他元素均在 0.4% ～ 2.6% 之间。腐殖酸态比例以 Cu 最高，占总量的 27.09%，其次是 As，达 26.25%，其他元素均在 6% ～ 12% 之间。铁锰氧化物结合态比例以 Pb 最高，占总量的 26.24%，其次是 Cu 和 Cd，分别达 20.18% 和 15.94%，其他元素均在 1% ～ 8% 之间。强有机结合态比例以 Hg 最高，占总量的 14%，As 最低，占总量的 0.77%，其他元素均在 3% ～ 9% 之间。残渣态比例以 Cd 最小，只有 15.94%，然后是 Cu，为 43.87%，As、Cr、Ni、Pb、Zn 和 Hg 6 种元素均较高，分别占总量的 63.89%、80.43%、76.21%、44.86%、68.52% 和 71.04%。因此，Cd 主要以离子交换态存在，而 As、Cr、Cu、Ni、Pb、Zn 和 Hg 主要以残渣态存在。这 7 种元素的 7 种形态的含量和占总量比例由小到大排列为：As，离子交换态、碳酸盐结合态、水溶态、强有机结合态、铁锰氧化物结合态、腐殖酸态、残渣态；Cr，水溶态、离子交换态、碳酸盐结合态、铁锰氧化物结合态、腐殖酸态、强有机结合态、残渣态；Cu，水溶态、离子交换态、碳酸盐结合态、强有机结合态、铁锰氧化物结合态、腐殖酸态、残渣态；Ni，水溶态、碳酸盐结合态、离子交换态、强有机结合态、铁锰氧化物结合态、腐殖酸态、残渣态；Pb，水溶态、强有机结合态、碳酸盐结合态、离子交换态、铁锰氧化物结合态、腐殖酸态、残渣态；Zn，水溶态、碳酸盐结合态、离子交换态、强有机结合态、铁锰氧化物结合态、腐殖酸态、残渣态；Hg，离子交换态、碳酸盐结合态、水溶态、强有机结合态、铁锰氧化物结合态、腐殖酸态、残渣态。

从变异系数的大小来看，水溶态除 Hg 较小外，其他元素均较大，尤其是As、Cd、Ni 和 Zn 的变异较大，分别达 1.97、1.51、1.64 和 1.64；离子交换态除 Hg、As 较小外，其他元素均较大，尤其是 Cd、Cr、Cu 和 Pb 的变异较大，分别达 1.69、1.05、1.18 和 1.02；而碳酸盐结合态、腐殖酸态、铁锰氧化物结合态、强有机结合态和残渣态的变异系数均相对较小。7 种重金属元素中，各形态的平均变异系数以 As 最大，Zn、Cd、Cu 和 Ni 较大，Cr、Pb 和 Hg 最小；同一重金属元素中，7 种形态的变异系数基本上由大到小排列为水溶态、强有机结合态、离子交换态、铁锰氧化物结合态、腐殖酸态、碳酸盐结合态、残渣态。7 种形态除残渣态的变异系数相对较小外，其他形态的变异系数均较大，这说明重金属次生相态含量受外界干扰比较显著，具有较强的空间分异，这种空间分异很大程度上归结于耕作、管理措施、种植制度、污染等强烈的人为活动的影响。

次生相重金属含量的高低不仅表征重金属的潜在污染特性，同时表明了重金属生物有效性的大小。各元素的次生相质量分数的总和由大到小的排序为：Cd > Cu > Pb > As > Zn > Hg > Ni > Cr。因此，土壤重金属中 Cd、Cu 和 Pb 的生物有效性及移动性是最强的，具有潜在的生态风险，而 Cr 和 Ni 两种重金属元素相对稳定，不容易释放，其生物有效性较低。

表6-1　土壤重金属各形态含量的描述性统计分析

参数	形态	As	Cd	Cr	Cu	Ni	Pb	Zn	Hg
		μg/kg							ng/kg
最大值	水溶态	1.81	0.05	0.33	0.56	1.12	0.81	7.78	4.25
	离子交换态	0.09	0.82	1.85	1.93	3.16	17.28	16.36	1.04
	碳酸盐结合态	0.31	0.10	1.37	2.78	1.30	10.37	12.34	1.04
	腐殖酸态	24.74	0.09	14.70	16.64	3.91	16.16	22.63	76.69
	铁锰氧化物结合态	14.69	0.14	3.42	15.11	3.65	39.85	43.01	13.50
	有机结合态	3.46	0.061	10.28	3.68	2.81	12.03	25.41	179.10
	残渣态	35.44	0.11	80.21	28.77	30.46	38.90	100.98	412.83

续表6-1

参数	形态	As	Cd	Cd	Cr	Ni	Pb	Zn	Hg
		μg/kg							ng/kg
最小值	水溶态	0.01	0.0001	0.01	0.01	0.01	0.01	0.03	0.46
	离子交换态	0.01	0.004	0.06	0.01	0.10	0.10	0.13	0.65
	碳酸盐结合态	0.01	0.003	0.18	0.02	0.15	0.50	0.25	0.80
	腐殖酸态	0.67	0.003	0.32	0.8	0.19	0.94	2.55	4.93
	铁锰氧化物结合态	0.17	0.003	0.34	0.26	0.24	1.06	0.62	0.65
	有机结合态	0.01	0.001	0.67	0.09	0.18	0.17	0.20	1.92
	残渣态	0.34	0.0043	2.35	1.03	1.01	2.76	6.15	3.76
均值	水溶态	0.11	0.01	0.07	0.13	0.10	0.18	0.57	1.30
	离子交换态	0.03	0.08	0.27	0.23	0.73	3.94	3.19	0.92
	碳酸盐结合态	0.07	0.02	0.50	0.54	0.41	2.88	1.54	0.93
	腐殖酸态	4.45	0.02	3.47	5.73	1.17	5.52	8.85	16.99
	铁锰氧化物结合态	1.32	0.03	1.04	4.27	1.02	13.02	6.18	1.93
	有机结合态	0.13	0.01	4.17	0.97	0.97	1.81	3.99	20.65
	残渣态	10.83	0.03	39.15	9.28	14.12	22.26	52.89	104.82
标准差	水溶态	0.22	0.01	0.06	0.11	0.17	0.17	0.93	0.61
	离子交换态	0.02	0.13	0.28	0.27	0.52	4.01	3.11	0.07
	碳酸盐结合态	0.06	0.02	0.17	0.45	0.21	1.67	1.71	0.06
	腐殖酸态	4.32	0.02	2.32	3.58	0.74	3.25	4.39	9.42
	铁锰氧化物结合态	1.62	0.03	0.58	2.79	0.72	7.67	6.33	2.02
	有机结合态	0.43	0.01	2.05	0.74	0.60	1.42	3.22	25.90
	残渣态	7.71	0.02	20.48	5.35	7.51	7.67	21.86	72.68
变异系数	水溶态	1.97	1.51	0.81	0.82	1.64	0.97	1.64	0.47
	离子交换态	0.51	1.69	1.05	1.18	0.71	1.02	0.98	0.08
	碳酸盐结合态	0.80	0.85	0.34	0.83	0.50	0.58	1.11	0.07
	腐殖酸态	0.97	0.89	0.67	0.62	0.63	0.59	0.50	0.55
	铁锰氧化物结合态	1.23	0.97	0.55	0.65	0.71	0.59	1.02	1.05
	有机结合态	3.40	0.81	0.49	0.76	0.62	0.78	0.81	1.25
	残渣态	0.71	0.80	0.52	0.58	0.53	0.34	0.41	0.69

续表 6 - 1

参数	形态	As	Cd	Cr	Cu	Ni	Pb	Zn	Hg
		μg/kg							ng/kg
	水溶态	0.65	5.31	0.14	0.61	0.54	0.36	0.74	0.88
	离子交换态	0.18	42.51	0.55	1.09	3.94	7.94	4.13	0.62
	碳酸盐结合态	0.41	10.63	1.03	2.55	2.21	5.80	2.00	0.63
占总量%	腐殖酸态	26.25	10.63	7.13	27.09	6.31	11.12	11.47	11.52
	铁锰氧化物结合态	7.79	15.94	2.14	20.18	5.51	26.24	8.01	1.31
	有机结合态	0.77	5.31	8.57	4.59	5.24	3.65	5.17	14.00
	残渣态	63.89	15.94	80.43	43.87	76.21	44.86	68.52	71.04

第二节　重金属总量对土壤重金属形态的影响

　　土壤重金属的形态分布与重金属元素自身的特性有关，重金属总量与各形态相关系数的大小能反映土壤重金属负荷水平对重金属形态的影响。表 6 - 2 是重金属总量与不同形态的相关关系。从表 6 - 2 可知，除 Cr 的水溶态，As 的强有机结合态，Hg 的离子交换态、碳酸盐结合态和铁锰氧化物结合态外，其他重金属的任一形态与重金属总量均呈显著的正相关关系；Cd 除水溶态外，其他形态的相关系数与重金属总量均呈强正相关关系（$r > 0.6^{**}$）；而重金属 Cr、Cu、Ni、Pb、Zn 和 Hg 则表现为残渣态与重金属总量强正相关（$r > 0.6^{**}$）。以上结果说明重金属负荷水平对形态影响的显著性程度不同，重金属负荷水平除对 Cr 的水溶态，As 的强有机结合态，Hg 的离子交换态、碳酸盐结合态和铁锰氧化物结合态影响很小外，对其他重金属形态的影响均非常显著。

表 6 - 2　重金属总量与不同形态的相关关系

元素 / 形态	As	Cd	Cr	Cu	Hg	Ni	Pb	Zn
水溶态	0.434**	0.528**	- 0.04	0.298**	0.266**	0.323**	0.246*	0.336**
离子交换态	0.299**	0.980**	0.289**	0.433**	0.01	0.593**	0.452**	0.509**
碳酸盐结合态	0.476**	0.757**	0.364**	0.722**	- 0.06	0.635**	0.664**	0.663**
腐殖酸态	0.826**	0.840**	0.690**	0.842**	0.277**	0.769**	0.777**	0.775**

续表6-2

元素\形态	As	Cd	Cr	Cu	Hg	Ni	Pb	Zn
铁锰氧化物结合态	0.637**	0.932**	0.531**	0.733**	0.16	0.617**	0.835**	0.800**
有机结合态	0.01	0.663**	0.497**	0.781**	0.804**	0.853**	0.503**	0.825**
残渣态	0.960**	0.811**	0.995**	0.752**	0.969**	0.987**	0.729**	0.937**

注："*"和"**"分别表示$p<0.05$和$p<0.01$的差异显著性水平。

第三节　土壤重金属的缓变型地球化学灾害识别及其特征

（一）As

As元素有效量（$As_{W+E+C+HA+F+SO}$）与总量（$TRCP_{As}$或$As_{W+E+C+HA+F+SO+R}$）的关系见图6-1。研究区土壤中As元素具有缓变型地球化学灾害的特征，拟合的方程为：

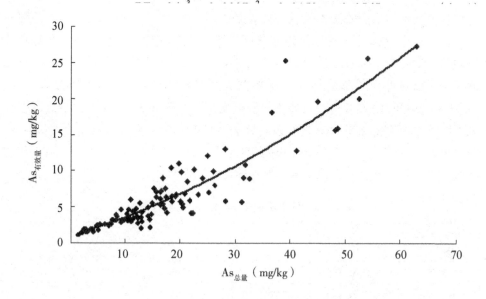

图6-1　土壤As缓变型地球化学灾害数学模型

其中，x 为 TRCP$_{As}$，y 为 As$_{有效量}$，决定系数为 0.8466，拟合度较高，求其二阶导数 y'' 并使得 $y'' = 0$，可得 TRCP$_{As} = 176.4$ mg/kg 和 As$_{有效量} = 115.7$ mg/kg。在 TRCP$_{As} = 176.4$ mg/kg 时，曲线向上凸，该点为缓变型地球化学灾害的爆发点。假定污染物输入系统后在系统内均匀分布，当前污染物浓度为 C_0，爆发点值为 C，污染物的输入速率为 V，那么，爆发缓变型地球化学灾害最剧烈所需的时间 t 为：

$$t = \frac{C - C_0}{V} \tag{6-2}$$

当前 As 浓度 C_0 分别为总量的平均值（16.95 mg/kg）和最大值（62.82 mg/kg），As 的输入速率是基于通量所得的，其值为 0.01 mg/kg。当 As 浓度为 16.95 mg/kg 时，达到爆发点的时间 t 为 1.6 万年；当 As 浓度为 62.82 mg/kg 时，达到爆发点的时间 t 为 1.1 万年。

（二）Hg

Hg 元素有效量（Hg$_{W+E+C+HA+F+SO}$）与总量（TRCP$_{Hg}$ 或 Hg$_{W+E+C+HA+F+SO+R}$）的关系见图 6-2。研究区土壤中 Hg 元素具有缓变型地球化学灾害的特征，拟合的方程为：

$$y = 1E - 06x^3 - 0.0009x^2 + 0.3695x + 2.908 \tag{6-3}$$

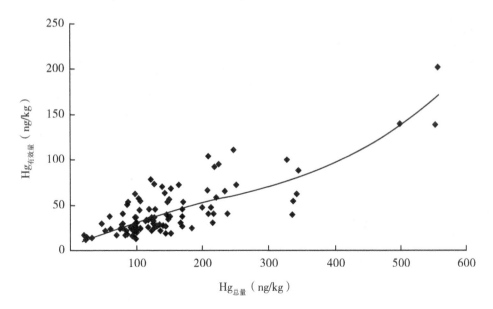

图 6-2 土壤 Hg 缓变型地球化学灾害数学模型

其中，x 为 $\mathrm{TRCP_{Hg}}$，y 为 $\mathrm{Hg_{有效量}}$，决定系数为 0.6665，拟合度一般，求其二阶导数 y'' 并使得 $y''=0$，可得 $\mathrm{TRCP_{Hg}}=300$ ng/kg 和 $\mathrm{Hg_{有效量}}=195$ ng/kg。在 $\mathrm{TRCP_{Hg}}=300$ ng/kg 时，曲线由向下凹变成向上凸，说明 $\mathrm{TRCP_{Hg}}$ 释放向 $\mathrm{Hg_{有效量}}$ 转化的速度加快，该点为缓变型地球化学灾害的爆发临界点。假定污染物输入系统后在系统内均匀分布，当前污染物浓度为 C_0，爆发点值为 C，污染物的输入速率为 V，那么，爆发缓变型地球化学灾害所需的时间 t 为：

$$t = \frac{C - C_0}{V} \qquad (6-4)$$

当前 Hg 浓度 C_0 分别为总量的平均值（147.5 ng/kg）和最大值（555.75 ng/kg），Hg 的输入速率是基于通量所得的，其值为 0.2 ng/kg。当 Hg 浓度为 147.5 ng/kg 时，达到临界爆发点的时间 t 为 763 年；当 Hg 浓度为 555.75 ng/kg 时，目前已经达到临界爆发点。

（三）Cd

Cd 元素有效量（$\mathrm{Cd_{W+E+C+HA+F+SO}}$）与总量（$\mathrm{TRCP_{Cd}}$ 或 $\mathrm{Cd_{W+E+C+HA+F+SO+R}}$）的关系见图 6-3。研究区土壤中 Cd 元素具有缓变型地球化学灾害的特征，拟合的方程为：

$$y = 0.1156x^3 - 0.0558x^2 + 0.6242x - 0.0175 \qquad (6-5)$$

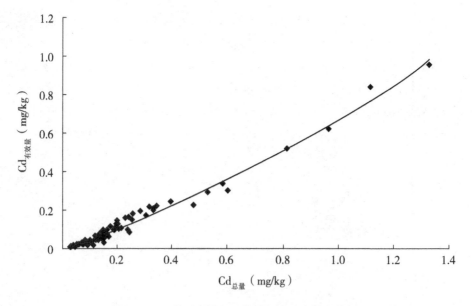

图 6-3　土壤 Cd 缓变型地球化学灾害数学模型

其中，x 为 $TRCP_{Cd}$，y 为 $Cd_{有效量}$，决定系数为 0.9824，拟合度很高，求其二阶导数 y'' 并使得 $y''=0$，可得 $TRCP_{Cd}=0.17$ mg/kg 和 $Cd_{有效量}=0.09$ mg/kg。在 $TRCP_{Cd}$ $=0.17$ mg/kg 时，曲线由向下凹变成向上凸，说明 $TRCP_{Cd}$ 释放向 $Cd_{有效量}$ 转化的速度加快，该点为缓变型地球化学灾害的爆发临界点。假定污染物输入系统后在系统内均匀分布，当前污染物浓度为 C_0，爆发点值为 C，污染物的输入速率为 V，那么，爆发缓变型地球化学灾害所需的时间 t 为：

$$t = \frac{C - C_0}{V} \tag{6-6}$$

当前 Cd 浓度 C_0 分别为总量的平均值（0.19 mg/kg）和最大值（1.33 mg/kg），Cd 的输入速率是基于通量所得的，其值为 0.03 mg/kg。当 Cd 浓度为 0.19 mg/kg 和 1.33mg/kg 时，目前均已达到临界爆发点。

（四）　Cu

Cu 元素有效量（$Cu_{W+E+C+HA+F+SO}$）与总量（$TRCP_{Cu}$ 或 $Cu_{W+E+C+HA+F+SO+R}$）的关系见图 6-4。研究区土壤中 Cu 元素拟合的方程为：

$$y = 5E - 05x^3 + 0.0027x^2 + 0.3916x + 1.3799 \tag{6-7}$$

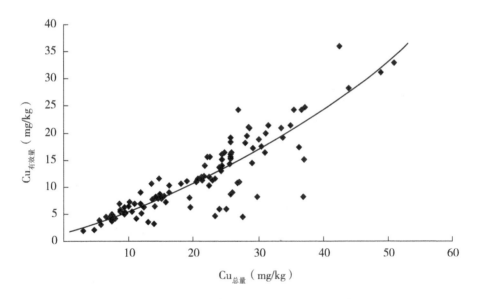

图 6-4　土壤 Cu 缓变型地球化学灾害数学模型

其中，x 为 $TRCP_{Cu}$，y 为 $Cu_{有效量}$，决定系数为 0.7638，拟合度一般，求其二阶导数 y'' 并使得 $y''=0$，可得 $TRCP_{Cu}=-27$ mg/kg。这表明了研究区土壤中 Cu 元素

不具有缓变型地球化学灾害的特征。

（五）Pb

Pb 元素有效量（$Pb_{W+E+C+HA+F+SO}$）与总量（$TRCP_{Pb}$ 或 $Pb_{W+E+C+HA+F+SO+R}$）的关系见图 6-5。研究区土壤中 Pb 元素具有缓变型地球化学灾害的特征，拟合的方程为：

$$y = -2E - 05x^3 + 0.0065x^2 + 0.1913x + 2.5143 \qquad (6-8)$$

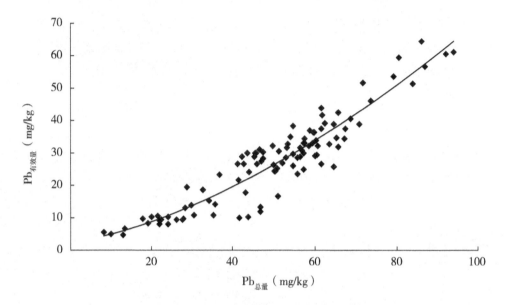

图 6-5　土壤 Pb 缓变型地球化学灾害数学模型

其中，x 为 $TRCP_{Pb}$，y 为 $Pb_{有效量}$，决定系数为 0.8703，拟合度很高，求其二阶导数 y'' 并使得 $y'' = 0$，可得 $TRCP_{Pb} = 108.3$ mg/kg 和 $Pb_{有效量} = 73.9$ mg/kg。在 $TRCP_{Pb} = 108.3$ mg/kg 时，曲线由向下凹变成向上凸，说明 $TRCP_{Pb}$ 释放向 $Pb_{有效量}$ 转化的速度加快，该点为缓变型地球化学灾害的爆发临界点。假定污染物输入系统后在系统内均匀分布，当前污染物浓度为 C_0，爆发点值为 C，污染物的输入速率为 V，那么，爆发缓变型地球化学灾害所需的时间 t 为：

$$t = \frac{C - C_0}{V} \qquad (6-9)$$

当前 Pb 浓度 C_0 分别为总量的平均值（49.2 mg/kg）和最大值（93.98 mg/kg），Pb 的输入速率是基于通量所得的，其值为 0.13 mg/kg。当 Pb 浓度为 49.2 mg/kg 时，达到临界爆发点的时间 t 为 454 年；当 Pb 浓度为 93.98 mg/kg 时，达到临界爆发点的时间 t 为 110 年。

（六）Cr

土壤中 Cr 的残渣态以铬尖晶石形式存在，铬尖晶石在常温常压下极其稳定，即使是在现代冶炼条件下也不容易释放出来，因此 Cd 的"可释放总量"需减去其残渣态。Cr 元素有效量（$Cr_{W+E+C+HA}$）与总量（$TRCP_{Cr}$ 或 $Cr_{W+E+C+HA+F+SO}$）的关系见图 6-6。研究区土壤中 Cr 元素具有缓变型地球化学灾害的特征，拟合的方程为：

$$y = 0.0062x^3 - 0.1735x^2 + 1.9467x - 4.0117 \qquad (6-10)$$

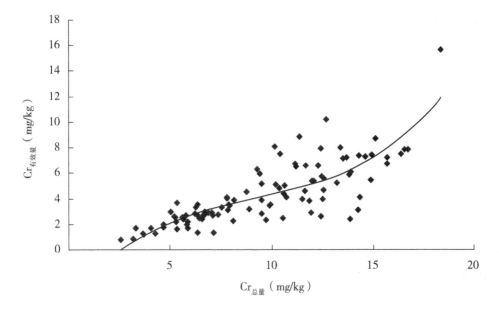

图 6-6 土壤 Cr 缓变型地球化学灾害数学模型

其中，x 为 $TRCP_{Cr}$，y 为 $Cr_{有效量}$，决定系数为 0.6584，拟合度很高，求其二阶导数 y'' 并使得 $y''=0$，可得 $TRCP_{Cr} = 9.2$ mg/kg 和 $Cr_{有效量} = 4.1$ mg/kg。在 $TRCP_{Cr} = 9.2$ mg/kg 时，曲线由向下凹变成向上凸，说明 $TRCP_{Cr}$ 释放向 $Cr_{有效量}$ 转化的速度加快，该点为缓变型地球化学灾害的爆发临界点。假定污染物输入系统后在系统内均匀分布，当前污染物浓度为 C_0，爆发点值为 C，污染物的输入速率为 V，那么，爆发缓变型地球化学灾害所需的时间 t 为：

$$t = \frac{C - C_0}{V} \qquad (6-11)$$

当前 Cr 浓度 C_0 分别为可释放总量的平均值（9.52 mg/kg）和最大值（31.95 mg/kg），Cr 的输入速率是基于通量所得的，其值为 0.52 mg/kg。当 Cr 浓度为

9.52 mg/kg 时，达到临界爆发点的时间 t 为 0.6 年；当 Cr 浓度为 31.95 mg/kg 时，目前已达到临界爆发点时间。

（七）Zn

Zn 元素有效量（$Zn_{W+E+C+HA+F+SO}$）与总量（$TRCP_{Zn}$ 或 $Zn_{W+E+C+HA+F+SO+R}$）的关系见图 6-7。研究区土壤中 Zn 元素拟合的方程为：

$$y = 7E - 06x^3 + 0.0004x^2 + 0.1522x + 4.8742 \qquad (6-12)$$

其中，x 为 $TRCP_{Zn}$，y 为 $Zn_{有效量}$，决定系数为 0.8757，拟合度很高，求其二阶导数 y'' 并使得 $y''=0$，可得 $TRCP_{Zn} = -29$ mg/kg。这表明研究区土壤中 Zn 元素不具有缓变型地球化学灾害的特征。

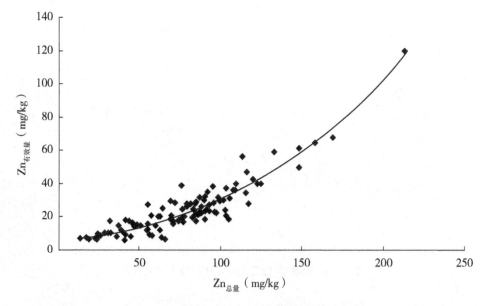

图 6-7 土壤 Zn 缓变型地球化学灾害数学模型

第七章　土壤重金属生态地球化学预测预警

　　1999 年以来，多目标区域地球化学调查在全国范围内迅速推进，仅"十五"期间就部署调查面积 108×104 km^2，至今覆盖面积已达 135×104 km^2，取得了大量的具有多学科研究、多领域应用意义的区域地球化学基础数据资料，它们为国家和所研究地区的国民经济建设、工农业结构调整和社会可持续发展提供了重要的基础地球化学资料。目前面临的问题是如何提升数据资料在国土资源管理、环境评价与人居安全、农业生产与农产品安全、基础地质研究等领域的转化应用水平，如何深化对现时的及未来的异常元素的生态地球化学过程及其生态效应的认识，对可能污染的生态系统进行预测预警，并提出治理建议，为国家区域性经济战略调整和工农业可持续发展提供科学依据。地球化学预测预警作为生态地球化学评价的一项重要任务，是当前生态地球化学评价面临的难点和热点课题之一。

　　20 世纪 90 年代初期，西方学者提出"化学定时炸弹"概念。它指缓慢的环境变化使储存于土壤或沉积物中的化学物质得到活化，造成一系列延缓的或突发的危害效应。谢学锦将"化学定时炸弹"这一概念引入国内后，有研究者考虑到积累—危害爆发—弛豫的作用过程及国际政治因素，认为"延缓型地球化学灾害"的提法更为恰当。为了防止这类"化学定时炸弹"的爆发，根据地球化学危害的形成过程和作用机理，迫切需要对其进行预测预警。

第一节　生态地球化学预测预警

　　预警（early warning）一词是在 20 世纪 50 年代"冷战"时期提出的。1988年，欧洲科学家开始认识到土壤具有接受和释放污染物的双重功能，即土壤虽然对污染物具有自净能力，但在自净的过程中，可将有毒污染物转移到植物或地下水中，其释放方式可具有突发性和不可预料性，对生态环境安全构成威胁，科学家们继而开始组织对由此造成的生态效应进行风险评价或地球化学预警研究。

一、研究进展

近年来，随着各种环境介质中重金属监测数据的不断增多，国外有学者开始对水、大气、土壤等环境介质中的重金属展开了时空变异性研究。Katriina Kyllönen 等（2009）研究了芬兰过去十年间（1998—2007 年）重金属的大气沉降及其趋势。Michelutti 等（2009）分析了位于巴芬岛东部和中部地区的污染元素 Pb 和其他重金属在湖泊沉积物中的时间趋势，并用 Pb 稳定同位素推断湖泊沉积物地球化学。Linda 等（2007）分别对孟加拉国的灌溉水、水稻土中的 As 的空间分布及时间变异展开了研究。

尽管大量报道了对各种环境介质中重金属的空间预测的研究，如 Zhang 等（2004）在爱尔兰东南部草原利用了地统计学和 GIS 相结合的方法，分析了两个不同时期的土壤有机碳含量，Doulei 等（2009）采用了多元统计和地统计方法鉴定了广东省东莞市农业土壤中微量元素的空间变异，但是，由于时间预测具有较大的不确定性，这方面的研究还少见报道，只能对土壤中重金属有效态、重金属的植物积累及重金属的蚯蚓积累预测展开研究。不过这将成为未来的一个研究热点和难点。

国内地学领域的学者对预测预警的研究主要集中在气象、地震、火山喷发、滑坡等领域，对生态地球化学环境方面的预测预警研究起步较晚，仍处在探索性阶段。不同的学者根据课题的需要或自身的学科背景从不同的角度，选取不同的研究对象，采用不同研究方法展开了预测预警研究。研究角度有生态安全的角度、环境安全的角度；研究对象有农田生态系统、城市生态系统、河流生态系统、土壤等；研究方法有直接预测和间接预测等。

杨忠芳团队从生态安全的角度对成都经济区农田生态系统镉生态安全性预测预警展开研究，提出了一套较为完整的土壤重金属生态安全预警模式，系统地阐述了生态安全及预警的基本理论和内容，明确了生态风险评价—预测—预警一系列较为合理的研究步骤，并综合运用地球化学、生态学、统计学等对四川省成都经济区农田系统中 Cd 的生态安全性进行了未来趋势预测预警。骆永明团队从环境安全的角度对浙江省富阳市某污染场地的复合污染土壤环境安全进行了预测预警研究，运用空间变异理论对土壤重金属进行了空间预测，并利用土壤图单元信息作为辅助信息分区预测土壤重金属污染物浓度，分析了土壤图单元信息在预测中的作用；把情景预测法作为研究单一时相污染物浓度时间预测方法，利用该方法预测了 2020 年研究土壤中重金属污染物含量；在土壤环境质量综合评价、生态风险评估和人体健康风险评估的基础之上，建立了预警体系，以前面的评价结果和评估结果为预警指标，分别利用单项预警法和综合预警法对土壤环境安全各单项指标和综合状况进行状态预警。

严加勇等（2007）选择土壤为研究对象，建立了土壤重金属污染预警模型和土壤重金属污染超标年限预测模型，并在 GIS 技术支持下，开发了基于 ArcView GIS 的预警预测程序模块，实现了对土壤重金属污染的预警预测。马友华等以农田生态系统为研究对象，采用 Microsoft Visual Studio. NET 2003 作为开发平台，在土壤环境质量标准、农田灌溉水质标准和农田生态环境质量评价的基础上，从农田土壤肥力、环境质量、健康质量和产出能力 4 个方面对安徽省的农田生态安全进行预警，建立安徽省农田生态安全预警信息系统，并阐明了农田生态安全预警指标、预警级别的设置以及系统的功能实现方法等。吴克宁等（2007）以城市生态系统为研究对象，在分析 PSR 模型、广泛听取专家意见的基础上，建立了生态环境评价指标体系。对评价因子量化分级，利用层次分析法确定权重后对郑州市的生态环境进行评价，并利用灰色系统理论，建立了灰色系统的 GM（1，1）预测模型，对郑州市的生态环境质量做了短期预测分析，结果显示郑州市的生态环境质量比较低，接近中度警情的值域。

王珂等直接采用 CART 方法挖掘 Zn 在土壤中的累积规则，利用获得的规则预测剩余 41 个土壤样点的 Zn 浓度，并进行精度评价。同样，陈杰等应用模糊 c – 均值算法对南京城市边缘带化工园附近 20 km^2 样区内土壤重金属浓度进行了连续分类，对样点土壤的隶属度进行空间普通克里金插值，实现样区土壤重金属浓度和污染状况的空间预测。王瑞玲等（2007）则根据研究地区（城市郊区）的特殊性，构建了包括评价模型、预测模型、预警模型的农田生态环境质量预警体系，通过社会环境系统对土壤污染胁迫强度的变化间接反映土壤环境质量变化趋势。王昌全等针对社会经济对土壤重金属污染定量影响，利用 BP 人工神经网络方法，定量研究成都城市发展中社会经济影响因素与土壤重金属 Cd 含量间的内在联系。

二、土壤生态地球化学预测预警

（一）预警类型和基本过程

土壤生态地球化学环境的预警类型可划分为无警、轻警、中警和重警。通过由土壤重金属空间分布与其概率空间分布相结合的概率克里金法（Probability Kriging）模型，可获得预警因子污染概率图。预警类型与预警因子污染概率图关系定义如下：

（1）无警：将预警因子浓度超过临界值的空间概率值小于 5% 定义为无警。

数学表达式为：$P(C_i \mid C_i > C_0) < 5\%$。

（2）轻警：将预警因子浓度超过临界值的空间概率值大于或等于 5% 但小于 30% 定义为轻警。数学表达式为：$5\% \leqslant P(C_i \mid C_i > C_0) < 30\%$。

（3）中警：将预警因子浓度超过临界值的空间概率值大于或等于 30% 但小于 60% 定义为中警。数学表达式为：$30\% \leqslant P(C_i \mid C_i > C_0) < 60\%$。

（4）重警：将预警因子浓度超过临界值的空间概率值大于或等于 60% 定义为重警。数学表达式为：$P(C_i \mid C_i > C_0) \geqslant 60\%$。

上述式中 C_0 为预警浓度阈值。阈值的选取主要参考《土壤环境质量标准》二级标准。

（二）土壤生态地球化学环境预警类型的内涵

（1）无警：土壤环境基本未受干扰，无显著环境问题，无实质性环境灾害。

（2）轻警：土壤环境受到轻微破坏，出现轻微环境问题，有轻微环境灾害发生。

（3）中警：土壤环境受到较明显的破坏，出现显著的环境问题，并演变为显著的环境灾害。

（4）重警：土壤环境受到严重破坏，环境问题很大，环境灾害较多。

第二节　基于通量模型的预测预警

通量预测模型是一种直接的预测模型，其本质是物质守恒定律。中国地质调查局颁布的《DD2005-02 区域生态地球化学评价技术要求（试行）》中规定了用于农田生态系统地球化学预测预警的元素通量方法。

一、通量模型

对农田土壤元素输入途径和输出途径进行系统的调查分析，根据元素年输入通量（大气干湿沉降、化肥与有机肥、农药、灌溉水等）与年输出通量（农田退水、作物收割、Hg 等元素挥发作用等）（见图 7-1），计算元素年净通量，再根据有效土层厚度、土壤容重计算土壤元素浓度的年变化速率，据此预测若干年后土壤元素的含量和土壤环境的质量、营养肥力水平状况。

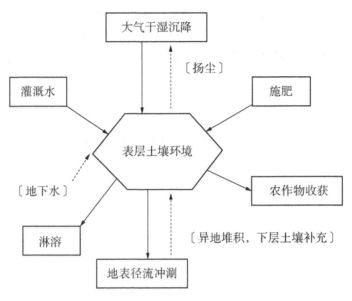

图 7 - 1　土壤重金属的通量途径

假定自然土壤中评价元素背景总量（B）相对稳定，则单位时间（年）内，土壤环境中评价元素的流通率及由此引起的现存量变化率可用如下公式表示如下：

$$W \cdot \frac{dC_s}{d_t} = C_w T_w + C_d T_d + C_f T_f - C_g T_g - C_j T_j - WC_e - WC_1 \qquad (7-1)$$

式中，W 表示单位面积（hm^2）耕层（$0 \sim 20\ cm$）土重（$2.25 \times 10^6\ kg$）；C_s 表示土壤中评价元素含量（mg/kg）；T 表示时间（年）；C_w 表示灌溉水中评价元素含量（mg/L）；T_w 表示每年单位面积上灌溉水总量（L/a）；C_d 表示干湿沉降中评价元素含量（mg/kg）；T_d 表示每年单位面积上输入干湿沉降总量（kg/a）；C_f 表示肥料（农药、杀虫剂、除草剂）中评价元素含量（mg/kg）；T_f 表示每年单位面积施用肥料总量（kg/a）；C_g 表示作物籽粒中评价元素含量（mg/kg）；T_g 表示每年单位面积收获的籽粒量（kg/a）；C_j 表示作物茎叶中评价元素含量（mg/kg）；T_j 表示每年单位面积生产的茎叶重量（kg/a）；C_e 表示土壤中评价元素随地表径流迁移量（mg/kg）；C_1 表示土壤中评价元素淋失量（mg/kg）。

二、珠江三角洲经济区土壤重金属地球化学累积预测预警

珠江三角洲经济区是中国最富庶的地区之一，人类生产、生活活动对环境影响突出。本研究在区域尺度，基于普遍性、区域性输入—输出因素通量模型，估

算了不同土地利用方式下土壤重金属的年净通量，进而开展土壤重金属地球化学环境预测预警。预警主要通过由土壤重金属空间分布与其概率空间分布相结合的概率克里金法模型获得的因子污染概率进行。预警因子浓度阈值取自土壤环境质量国标标准二级标准。

（一）预测指标的选择

珠江三角洲经济区预测范围属于区域尺度，主要考虑普遍性、区域性的输入因素。一般在普通人居环境生态系统中，金属元素的输入途径主要有大气干湿沉降、灌溉水、化肥与有机肥、农药等，输出途径有农田退水、作物收割、Hg 等元素挥发作用等。预测指标选取空间分布广泛、土壤含量相对较高、人为来源影响较显著的因子。本研究主要选择分析 As、Hg、Cd、Cu、Cr、Pb、Zn 和 Ni 8 种重金属元素，它们均是 USEPA 列出的优先考虑的毒重金属。

（二）输入通量的估算

1. 灌溉水

珠江三角洲地区农业生产条件好，灌溉一直是水资源的重要利用方式。改革开放后，污水灌溉十分普遍，它一方面解决了城市污水排放和农业生产用水来源问题，另一方面造成了土壤中重金属的含量较高等问题。经灌溉水带入土壤中的金属元素 i 的年输入量可以通过如下公式计算：

$$Q_i = C_i \cdot V_i \tag{7-2}$$

式中，Q_i 为 i 的年输入量 $[mg/(m^2 \cdot a)]$；C_i 为灌溉水对应指标 i 的含量（mg/L）；V_i 为农田灌溉亩（1 亩 ≈ 666.67 平方米）均用水量（m^3）。表 7-1 列出了广东省水利厅提供的 2007 年研究区各地级市农田灌溉亩均用水量数据。根据各地灌溉用水金属含量，可以获得灌溉水重金属输入通量（见表 7-2）。

表 7-1　2007 年珠江三角洲各市农田灌溉亩均用水量

（单位：m^3）

城市名	广州	深圳	珠海	佛山	惠州	东莞	中山	江门	肇庆	珠三角
农田灌溉亩均用水量	837	443	487	805	929	481	559	879	666	676

表7－2　2007年灌溉水八种重金属输入通量

[单位：mg/(m² · a)]

地市名	Cu	Pb	Zn	Cr	Cd	As	Hg	Ni
广州	10.82	3.92	265.65	17.72	0.47	2.65	0.04	11.90
惠州	107.67	8.09	180.52	9.38	0.36	2.37	0.03	5.29
肇庆	7.55	5.23	153.75	14.78	0.47	1.37	0.05	9.13
东莞	3.15	1.44	46.95	6.23	0.47	1.05	0.01	12.86
江门	14.84	13.77	409.05	19.03	0.32	3.16	0.03	14.87
珠海	11.48	6.17	184.20	12.12	0.15	1.37	0.02	8.61

2. 化肥

农业种植过程中经施用化肥带入土壤中的有害元素的年输入量计算公式如下：

$$Q_i = C_i \cdot W_i \qquad (7-3)$$

式中，Q_i 为指标 i 的年输入量（mg）；C_i 为化肥对应指标 i 平均含量(mg/kg)；W_i 为 1 年每万亩耕地化肥均用量（吨/万亩）。

根据《广东农村统计年鉴（2008）》，珠江三角洲经济区 2007 年施用化肥总量按实物量计算达 1689357 t，按折纯量计算达 565371 t，按总耕地面积 828560 hm² 计算，平均每公顷耕地施用化肥 0.68 t。过磷酸钙和复合肥料是有毒有害元素的主要载体。表7-3 和表7-4 列出了各市化肥施用量、耕地面积及化肥重金属的输入通量。

表7-3　2007年各市化肥施用量、耕地面积数据表

市名	按实物量（t）	按折纯量（t）	耕地面积（hm²）
肇庆	440329	158859	170158
佛山	136437	54838	42437
广州	240747	91149	86369
东莞	47661	8967	14439
惠州	301613	83521	147366
江门	361395	117717	207163
珠海	42591	12249	14790
中山	97865	30444	37341
深圳	20719	7627	4351

表7-4　2007年各地市化肥重金属的输入通量

[单位：mg/(m² · a)]

地市名	Cu	Pb	Zn	Cr	Cd	As	Hg	Ni
广州	5.45	0.98	6.32	2.00	0.31	0.57	0.003	0.85
惠州	1.67	3.76	13.27	3.24	0.26	0.80	0.028	0.92
肇庆	2.06	1.27	5.40	1.94	0.09	0.55	0.005	0.92
东莞	1.79	0.77	3.59	1.92	0.05	0.19	0.001	0.70
佛山	2.93	1.29	3.20	2.75	0.08	0.36	0.007	1.16
江门	0.52	0.60	22.00	0.67	0.14	0.38	0.003	0.35
珠海	1.73	1.13	1.86	0.57	0.03	0.09	0.002	0.38

3. 农药

农业种植过程中，经施用农药带入土壤中的有害元素的年输入量计算公式如下：

$$Q_i = C_i \cdot W_i \qquad (7-4)$$

式中，Q_i 为指标 i 的年输入量（mg）；C_i 为研究区所有农药对应指标 i 的平均含量（mg/kg）；W_i 为 1 年每万亩耕地农药均用量（吨/万亩）。研究中各地级市农药施用量、耕地面积数据来源于《广东农村统计年鉴（2008）》。

珠江三角洲经济区 2007 年施用农药总量为 24628 t，按照《广东农村统计年鉴（2008）》各地级市 2007 年统计数据，共有耕地面积 1086.62 万亩，平均每万亩耕地施用农药 22.66 t。2007 年各地市农药中重金属的输入通量见表 7-5。

表7-5　2007年各地市农药中重金属的输入通量

[单位：mg/(m² · a)]

地市名	Cu	Pb	Zn	Cr	Cd	As	Hg	Ni
广州	0.265	0.00128	0.006	0.005	0.00013	0.0005	0.00001	0.0019
惠州	0.013	0.00496	0.021	0.008	0.00033	0.0038	0.00001	0.0061
肇庆	0.010	0.00285	0.014	0.002	0.00002	0.0000	0.00001	0.0004
东莞	0.002	0.00035	0.012	0.013	0.00026	0.0005	0.00005	0.0018
佛山	0.003	0.00834	0.004	0.008	0.00029	0.0023	0.00004	0.0016
江门	0.004	0.00037	0.004	0.002	0.00010	0.0007	0.00001	0.0003
珠海	0.002	0.00002	0.006	0.003	0.00011	0.0001	0.00001	0.0007

4. 大气沉降

大气干湿沉降物主要包括大气降水、降尘以及溶解于降水和吸附于降尘颗粒物表面的气体及各种有机化合物。前人研究显示，大气沉降是土壤重金属污染的重要来源。干湿沉降年通量资料可以通过回收的年集尘罐样直接计算或通过完整回收的半年集尘罐样和季集尘罐样分别计算出半年通量和季通量后累计得出。j元素大气干湿沉降通量计算公式如下：

$$Q_{沉降} = \sum_{i=1}^{4} C_{ij干} \cdot W_{ij干} \cdot A + \sum_{i=1}^{4} C_{ij湿} \cdot V_{ij湿} \cdot A \qquad (7-5)$$

式中，$Q_{沉降}$为j元素年沉降通量；$C_{ij干}$为第i季度干沉降中j元素含量；$W_{ij干}$为第i季度接尘缸中干沉降的质量；$C_{ij湿}$为第i季度湿沉降中j元素含量；$V_{ij干}$为第i季度接尘缸中湿沉降的体积；换算系数 $A = 10^8 cm^2 / S$，其中，$10^8 cm^2$ 为 1 公顷土壤的面积，S 为接尘缸口的面积。

表 7-6 列出了珠江三角洲地区各市的干湿沉降年通量基本统计参数。实际样品点数为年集尘罐样 131 个、半年集尘罐样 12 个、季集尘罐样 14 个，共 157 个。原始数据来源于珠江三角洲经济区大气生态地球化学评价专题调查。

表 7-7 和表 7-8 分别计算出了干沉降物与积水（上清液）样品中 8 种元素的通量。珠江三角洲地区大气沉降元素总平均输入通量数据见表 7-9。

表 7-6　2007 年珠江三角洲地区各市干湿沉降年通量基本统计参数

市名	样品数	干沉降年通量（g）					年积水（上清液）通量（L）				
		最大值	最小值	平均值	标准离差	变异系数	最大值	最小值	平均值	标准离差	变异系数
肇庆	11	196.3	17.4	77.4	55.5	0.72	1333.5	665.3	1009.4	199.8	0.20
佛山	20	253.1	24.8	88.5	85.5	0.97	1283.0	70.4	957.0	527.2	0.55
广州	41	377.0	26.4	89.7	67.9	0.76	1582.2	345.4	1114.6	267.0	0.24
东莞	18	239.6	27.8	99.8	66.3	0.66	1645.4	991.5	1362.7	191.4	0.14
惠州	22	318.3	14.2	126.3	92.3	0.73	1609.8	953.6	1416.9	217.5	0.15
江门	24	82.1	13.1	31.0	16.5	0.53	1590.4	587.0	1334.5	284.5	0.20
珠海	6	40.9	16.1	24.4	9.5	0.39	1593.7	761.6	1388.0	326.1	0.23
中山	5	87.0	15.9	45.8	36.4	0.80	1574.6	724.5	1130.4	402.3	0.36
深圳	10	133.9	12.1	79.9	45.7	0.57	1727.5	646.9	1364.2	300.3	0.22

表 7-7 2007 年珠江三角洲地区干沉降物中 8 种重金属元素平均含量

地市名	样品数	As (μg/g)	Hg (ng/g)	Cd (μg/g)	Cu (μg/g)	Cr (μg/g)	Pb (μg/g)	Ni (μg/g)	Zn (μg/g)
广州	41	27.6	594.6	3.8	319.2	296.6	607.9	122.2	1260.7
佛山	20	39.1	566.3	4.2	542.2	555.5	650.0	147.2	1318.3
东莞	18	25.0	446.4	2.5	305.4	302.8	329.9	102.2	1204.7
深圳	10	15.6	277.6	3.0	244.1	328.2	377.9	100.4	1274.6
肇庆	11	23.1	317.5	4.6	251.2	160.0	379.1	45.0	572.0
惠州	22	14.9	215.1	5.5	111.5	85.4	265.1	37.9	1196.6
江门	25	19.9	350.8	2.1	214.2	181.7	263.0	55.7	398.2
中山	5	19.7	379.4	1.1	226.5	342.0	221.7	94.4	362.9
珠海	6	21.5	376.3	2.3	205.2	211.8	390.7	74.0	673.1

表 7-8 2007 年珠江三角洲地区积水（上清液）中 8 种重金属元素平均含量

地市名	样品数	As (μg/g)	Hg (ng/g)	Cd (μg/g)	Cu (μg/g)	Cr (μg/g)	Pb (μg/g)	Ni (μg/g)	Zn (μg/g)
广州	40	3.5	46.1	0.8	19.1	1.3	39.3	4.2	377.7
佛山	20	4.6	69.6	1.7	33.6	1.1	30.7	4.8	412.3
东莞	18	2.1	59.2	0.6	24.0	4.2	20.7	4.7	696.7
深圳	10	1.2	42.1	0.2	3.1	0.3	5.4	0.7	111.0
肇庆	11	3.8	93.6	0.9	9.2	0.7	14.8	1.4	191.2
惠州	22	2.1	39.7	0.3	1.5	0.3	6.0	0.3	115.0
江门	25	1.5	43.6	0.7	27.1	0.8	19.3	2.1	208.6
中山	5	3.2	29.9	2.1	15.3	2.2	17.3	3.2	127.7
珠海	6	1.9	16.7	0.4	11.3	0.5	17.1	1.5	194.1

表7-9　2007年珠江三角洲地区8种重金属元素大气干湿沉降总平均输入通量

[单位：μg/(m² · a)]

地市名	Cu	Pb	Zn	Cr	Cd	As	Hg	Ni
广州	53450	111400	601440	28880	1280	6310	100	18450
惠州	15350	41920	296480	9580	1020	4830	80	5050
肇庆	28370	43380	242210	10550	1330	5570	110	4670
东莞	62810	59030	1000110	31840	1090	4910	120	15510
佛山	82490	84430	521940	48940	1970	7300	110	17350
江门	40040	39060	284600	8760	940	2770	70	5170
珠海	21570	33880	256890	6050	600	2970	30	3940
深圳	25300	35880	258700	31930	600	2800	80	9910
中山	29540	36370	253330	11270	810	2590	60	5990

（三）土壤重金属的输出通量

在水田、旱地和果园等土地利用方式下，土壤重金属的输出途径主要包括灌溉排水、农作物收割、蒸腾作用、地表径流和淋滤作用等。蒸腾作用主要影响K、Na等轻金属，对除Hg之外的其他重金属几乎没有影响。限于资料的可取性，本研究主要将灌溉排水和农作物收割作为输出途径。

1. 灌溉排水

经灌溉排水带出土壤的金属元素的年输出量通过如下公式计算：

$$Q_i = C_i \cdot V_i \cdot (1 - \partial) \tag{7-6}$$

式中，Q_i为指标i的年输出量（mg）；C_i为灌溉排水对应指标i含量（mg/L）；V_i为农田灌溉亩均用水量（m³）；∂为农业耗水率（%）。研究区各地级市农田灌溉亩均用水量、农业耗水率数据来源于广东省水利厅的《广东省水资源公报（2008）》。

表7-10和表7-11列出了2007年珠江三角洲各市农田灌溉亩均用水量、农业耗水率和灌溉排水重金属的输出通量。其中，农田灌溉亩均用水量、农业耗水率原始数据来源于《广东省水资源公报（2008）》。

表7-10 2007年各市农田灌溉亩均用水量和农业耗水率

地市名	农田灌溉亩均用水量（m³）	耗水率（%）
广州	837	
深圳	43	
珠海	487	
佛山	805	
惠州	929	49
东莞	481	
中山	559	
江门	879	
肇庆	666	

表7-11 2007年各市灌溉排水重金属的输出通量

［单位：mg/（m² · a）］

地市名	Cu	Pb	Zn	Cr	Cd	As	Hg	Ni
广州	48.61	1.79	128.09	5.98	0.09	2.52	0.02	2.46
惠州	42.33	8.52	123.31	7.63	0.39	1.52	0.01	5.24
肇庆	4.52	3.08	68.46	4.31	0.10	0.56	0.03	7.62
东莞	2.54	1.77	94.41	2.56	0.45	0.10	0.00	11.55
江门	5.95	2.87	176.15	7.38	0.16	1.9	0.02	5.53
珠海	2.13	0.77	100.74	2.97	0.03	0.43	0.00	1.74

2. 农作物

珠江三角洲经济区的主要农作物有水稻、蔬菜、水果等。水果主要为香蕉、荔枝和龙眼。蔬菜、水果年带出量估算公式如下：

$$Q_i = C_i \cdot W_i \tag{7-7}$$

式中，Q_i 为指标 i 的年输出量（mg）；C_i 为蔬菜、水果对应指标 i 的含量（mg/kg）；W_i 为农作物产量（吨/亩）。

水稻年带出量估算公式为：

$$Q_i = C_i \cdot W_i \cdot \beta \tag{7-8}$$

式中，Q_i 为指标 i 的年输出量（mg）；C_i 为水稻对应指标 i 含量（mg/kg）；W_i 为农作物产量（吨/亩）；β 为复垦率。因珠江三角洲的水稻为一年两熟制，故 $\beta = 2$。

研究区各地级市水稻、蔬菜、香（大）蕉、荔枝、龙眼的种植面积和产量数据来源于《广东农村统计年鉴（2008）》。

依据24个调查区、351件农作物样品调查结果计算蔬菜、香（大）蕉、荔枝、龙眼、水稻等各类农作物的平均含量，按照各地级市统计数据，估算主要农作物年带出有毒有害元素量（见表7-12、表7-13、表7-14）。

表7-12 2007年各地市蔬菜重金属的输出通量

[单位：mg/（m² · a）]

地市名	Cu	Pb	Zn	Cr	Cd	As	Hg	Ni
广州	1.581	0.047	26.485	0.029	0.027	0.024	0.004	0.232
惠州	1.269	0.046	6.466	0.036	0.061	0.029	0.002	0.106
肇庆	1.386	0.054	5.586	0.027	0.024	0.023	0.003	0.829
东莞	1.971	0.067	5.667	0.027	0.054	0.022	0.005	0.582
佛山	1.656	0.070	6.800	0.023	0.071	0.020	0.005	0.427
江门	1.381	0.016	5.780	0.024	0.014	0.011	0.003	0.407
珠海	2.158	0.030	5.097	0.021	0.028	0.016	0.002	0.413

表7-13 2007年各地市水稻重金属的输出通量

[单位：mg/（m² · a）]

地市名	Cu	Pb	Zn	Cr	Cd	As	Hg	Ni
广州	2.222	0.043	10.685	0.098	0.172	0.080	0.004	0.335
惠州	2.031	0.077	10.512	0.101	0.190	0.064	0.005	0.191
江门	2.478	0.162	10.976	0.200	0.015	0.209	0.004	0.350

表7-14 2007年各地市水果重金属的输出通量

[单位：mg/（m² · a）]

作物	地市名	Cu	Pb	Zn	Cr	Cd	As	Hg	Ni
香(大)蕉	广州	3.984	0.009	6.129	0.006	0.003	0.015	0.006	0.061
	东莞	3.458	0.399	6.255	0.264	0.010	0.036	0.013	0.712
	佛山	4.078	0.003	6.699	0.023	0.012	0.012	0.003	0.117
	江门	2.841	0.002	5.564	0.022	0.002	0.004	0.003	0.319
	珠海	7.400	0.005	5.175	0.003	0.003	0.003	0.008	0.155
荔枝	广州	0.362	0.008	2.400	0.002	0.001	0.004	0.0003	0.021
龙眼	广州	0.8866	0.0264	1.6522	0.0056	0.0016	0.0024	0.0003	0.0391

（四）基准年（2007 年）累积速率

可以假设耕地有效耕作深度为 0.3 m，土壤容重 1.45×10^6 g/m^3。根据土壤重金属外源输入输出途径，可获得基准年（2007 年）不同土地利用方式下土壤重金属年净通量（见表 7 - 15、表 7 - 16、表 7 - 17）。

表 7 - 15　2007 年各地市水田土壤中重金属的累积速率

（单位：mg/kg）

地市名	As	Cd	Cu	Hg	Cr	Ni	Pb	Zn
佛山	0.013	0.004	0.168	0.0002	0.104	0.038	0.185	1.189
肇庆	0.012	0.004	0.058	0.0003	0.039	0.012	0.098	0.749
深圳	0.006	0.001	0.057	0.0002	0.060	0.020	0.074	0.581
广州	0.014	0.004	0.038	0.0002	0.088	0.061	0.251	1.647
江门	0.009	0.003	0.099	0.0002	0.036	0.029	0.105	1.175
惠州	0.012	0.002	0.177	0.0002	0.023	0.010	0.092	0.780
东莞	0.009	0.002	0.115	0.0002	0.071	0.035	0.123	2.168
中山	0.003	0.002	0.059	0.0001	0.004	0.004	0.071	0.549
珠海	0.008	0.002	0.074	0.0001	0.015	0.018	0.078	0.757
平均	0.010	0.003	0.094	0.0002	0.049	0.025	0.120	1.066

表 7 - 16　2007 年各地市旱地土壤中重金属的累积速率

（单位：mg/kg）

地市名	As	Cd	Cu	Hg	Cr	Ni	Pb	Zn
佛山	0.013	0.004	0.182	0.0002	0.101	0.035	0.183	1.162
肇庆	0.013	0.004	0.069	0.0003	0.038	0.010	0.099	0.737
深圳	0.005	0.001	0.056	0.0002	0.061	0.019	0.069	0.575
广州	0.013	0.004	0.040	0.0002	0.083	0.060	0.249	1.626
江门	0.009	0.003	0.109	0.0002	0.034	0.029	0.105	1.210
惠州	0.012	0.003	0.183	0.0003	0.023	0.011	0.091	0.815
东莞	0.011	0.002	0.141	0.0003	0.073	0.035	0.124	2.166
中山	0.003	0.002	0.058	0.0001	0.002	0.003	0.070	0.546
珠海	0.008	0.002	0.068	0.0001	0.094	0.031	0.182	1.157
平均	0.010	0.003	0.101	0.0002	0.057	0.026	0.130	1.110

表 7 - 17　2007 年各地市果园土壤中重金属的累积速率

（单位：mg/kg）

地市名	As	Cd	Cu	Hg	Cr	Ni	Pb	Zn
佛山	0.011	0.005	0.178	0.0002	0.100	0.037	0.176	1.167
肇庆	0.014	0.004	0.075	0.0003	0.039	0.013	0.099	0.753
深圳	0.005	0.001	0.057	0.0002	0.064	0.020	0.068	0.578
广州	0.013	0.004	0.035	0.0003	0.086	0.062	0.250	1.675
江门	0.009	0.003	0.104	0.0002	0.038	0.031	0.107	1.215
惠州	0.012	0.003	0.187	0.0003	0.023	0.011	0.092	0.830
东莞	0.011	0.003	0.138	0.0002	0.072	0.035	0.123	2.168
中山	0.003	0.002	0.061	0.0001	0.009	0.006	0.072	0.556
珠海	0.008	0.002	0.057	0.0001	0.016	0.017	0.080	0.746
平均	0.010	0.003	0.099	0.0002	0.050	0.026	0.119	1.076

（五）预警结果

本研究分别选取了水田、旱地和园地作为研究对象，在前面获得的基准年（2007 年）As、Hg、Cd、Cu、Cr、Pb、Zn 和 Ni 8 种元素累积速率的基础上，预测元素在未来某一时间断的土壤重金属空间分布与其概率空间分布模式，进而开展预警分析。根据珠江三角洲地区水田、旱地和园地的重金属空间概率分布图（以 2010—2025 年为例），可以提取珠江三角洲地区水田、旱地和园地的生态地球化学环境预警信息（见表 7 - 18、表 7 - 19、表 7 - 20）。

表 7 - 18　旱地生态地球化学环境预警（2010—2025 年）

元素	阈值标准（mg/kg）	无警区	中警区	重警区
As	40	珠江三角洲其他地区	广州花都区，佛山芦苞，深圳龙岗区，惠州大岚、仍图和梁化，江门鹤山等	—

续表 7 – 18

元素	阈值标准（mg/kg）	无警区	中警区	重警区
Cd	0.3	珠江三角洲其他地区	惠东县等	广州的番禺、南沙，佛山的高明、南海、顺德，肇庆的四会，中山的小榄、古镇、三角、东升，江门市建成区，珠海的斗门区、金湾区等
Cu	150	珠江三角洲其他地区	广州天河区及海珠区，佛山南海区、三水区，肇庆市高要区等	—
Hg	0.3	珠江三角洲其他地区	广州南沙区、江门市建成区以及肇庆端州区等	广州白云区、黄埔区、萝岗区及花都区，佛山的南海区、禅城区和顺德区等，江门的开平市和台山市等
Cr	150	珠江三角洲其他地区	—	—
Ni	40	珠江三角洲其他地区	广州的花都区等	广州番禺区，整个中山市，珠海的斗门区，江门的新会市等
Pb	250	珠江三角洲其他地区	广州白云区、海珠区，佛山的高明区等	—
Zn	200	珠江三角洲其他地区	—	广州的白云区、海珠区，佛山的高明区

表7-19　水田生态地球化学环境预警（2010—2025 年）

元素	阈值标准（mg/kg）	无警区	中警区	重警区
As	30	珠江三角洲其他地区	广州的从化区、花都区、番禺区，惠州的公庄、大岚、梁化、安敦及宝口，肇庆的乐城，佛山的高明区等	—
Cd	0.3	珠江三角洲其他地区	江门的鹤山市，惠州的公庄等	江门市的蓬江区、江海区、新会区，整个中山市，广州的南沙区、番禺区，以及肇庆市的鼎湖区、端州区、高要市等
Cu	50	珠江三角洲其他地区	惠州的公庄，江门的开平市等	江门市的蓬江区、江海区、新会区，整个中山市，广州的南沙区、番禺区等
Hg	0.3	珠江三角洲其他地区	佛山的南海区及禅城区等	江门的开平市、鹤山市，珠海的斗门区等
Cr	90	珠江三角洲其他地区	广州的花都区，惠州的博罗县北部等	江门的新会区，珠海的斗门区，中山市的北部，佛山的高明区，肇庆的高要市，广州的南沙区、番禺区等
Ni	40	珠江三角洲其他地区	—	江门市的新会区，珠海的斗门区，中山市的北部，广州的南沙区等
Pb	250	珠江三角洲其他地区	惠州的博罗县北部等	—
Zn	200	珠江三角洲其他地区	惠州的博罗县北部等	—

表7-20　园地生态地球化学预警（2010—2025年）

元素	阈值标准（mg/kg）	无警区	中警区	重警区
As	40	珠江三角洲其他地区	江门的台山市和开平市等	广州的花都区、从化区，佛山的南海区、顺德区、三水区、高明区等，肇庆的禄步，深圳的龙岗区，惠州的惠东县北部等
Cd	0.3	珠江三角洲其他地区	珠海的斗门区、金湾区，广州的南沙区、番禺区，佛山的顺德区、南海区、禅城区、三水区等	深圳的盐田区、龙岗区，惠州的惠阳区等
Cu	50	珠江三角洲其他地区	—	—
Hg	0.3	珠江三角洲其他地区	广州的白云区、黄埔区和萝岗区，佛山的南海区、禅城区等	江门的台山市和开平市等
Cr	150	珠江三角洲其他地区	肇庆的高要市和中山市的北部等	—
Ni	40	珠江三角洲其他地区	—	广州的南沙区，中山市的北部，以及珠海的斗门区、金湾区等
Pb	250	珠江三角洲其他地区	肇庆的高要市等	—
Zn	200	珠江三角洲其他地区	肇庆的高要市，广州的番禺区等	—

第三节 基于时空模型的预测预警

一、基于两期次的土壤重金属累积速率估算模型

工业化程度越高，城市化发展速度越快，对土壤污染的"贡献"就越大，每年对土壤中污染物的叠加不是等量的，对土壤的污染也不是等速的，而是加速的。因此，可认为土壤的污染过程可归纳为两个阶段：一是加速阶段，二是匀速阶段。有研究表明，10 年尺度土壤表层重金属元素积累符合线性关系。根据研究区的工业化、城市化进程，产业结构以及人均 GDP 与环境的关系，2000 年以后研究区土壤的污染过程进入匀速阶段。因此，2000 年以后土壤重金属的含量符合下列公式：

$$C_t = C_0 + Kt \qquad\qquad (7-9)$$

式中，C_t 为 t 时刻的土壤重金属的含量（mg/kg）；C_0 为背景值或变化起始时的含量，由所用样品或背景资料而定；t 为变化所用时间（a）；K 为土壤重金属的积累速率 [mg/(kg·a)]。于是有：

$$K = (C_t - C_0)/t \qquad\qquad (7-10)$$

二、土壤重金属时空分布预测模型

（1）时空模式。对不同时间下变量 Z 叠加累积速率，预测不同时间下变量 Z 的空间分布。

先将时间 T_i 下位置 X_j 的变量 Z，叠加累积速率：

$$Z(t_i, x_j) = C(x_j) + K(x_j)t_i \qquad\qquad (7-11)$$

在各时间 t_i 下，运用一般克里金法对变量 $Z^*(x_0|t_i)$ 进行空间预测：

$$Z^*(x_0|t_i) = \sum_{j=1}^{n} \lambda_j Z(x_j|t_i) \qquad\qquad (7-12)$$

则欲知 T_0 时间下点位 X_0 的变量 Z 时，代入上式即可得到该时间该点位的变量 Z：

$$Z^*(x_0|t_0) = \sum_{j=1}^{n} \lambda_j Z(x_j|t_0) \qquad\qquad (7-13)$$

（2）空时模式。先对变量 Z 进行空间分布预测，再将各点位的变量 Z 叠加累积速率，然后预测变量 Z 在不同时间下的空间分布。

在各时间 t_i 下，运用一般克里金法对变量 $Z^*(x_0|t_i)$ 进行空间预测：

$$Z^*(x_0|t_i) = \sum_{j=1}^{n} \lambda_j Z(x_j|t_i) \qquad (7-14)$$

得到时间 T_i 下点位 X_0 的变量 Z 后，叠加累积速率：

$$Z^*(t_i,x_0) = C(x_0) + K(x_0)t_i \qquad (7-15)$$

则欲知 t_0 时间下点位 x_0 的变量 Z 时，代入上式即可得到该时间该点位的变量 Z：

$$Z^*(t_0,x_0) = C(x_0) + K(x_0)t_0 \qquad (7-16)$$

三、数据来源

(一) 区域特征

研究区位于珠江三角洲经济区腹部，为珠江三角洲经济区经济最发达的地区，是中国最富裕的区域之一，其工业化、城市化程度较高，人类活动对环境影响突出。该区大型重化工业基地的空间分布基本上集中在以广州、深圳、东莞、佛山、珠海等城市构成的环珠江内圈层工业及经济发达地带，如机械工业分别形成以广州、深圳、佛山为核心的空间集聚区，汽车工业则形成以广州的经济技术开发区、南沙黄阁国际汽车产业园、花都汽车城为三大集聚中心，包括佛山、中山、深圳等在内的以客货车、专用车及汽车零配件供应为主的汽车生产格局。该区河网密布，土地利用方式主要有林地、耕地、水域和居民点及工矿用地，分别约占土地总面积的 42%、17%、15% 和 14%。

(二) 土样采集

为检测珠江三角洲土壤元素变化，2001 年建立了珠江三角洲核心区的生态地球化学监控网络，共布设了 98 个监控点，以土壤为监控介质，以约 160 平方千米/点为监控点密度。2007 年对"监控网络"同点位表层土壤样品进行了采集。2001 年和 2007 年，在监控点上分别采集了 0～20cm 的表层土壤样品（见图 7-2）。每个土壤样点均由 4 个副样混合组成，样品在常温下（20～24℃）风干，除去石子或其他杂物；土壤混合样过 2mm 的聚乙烯筛，然后在玛瑙研钵中研磨，过 0.149mm 筛。为消除不同年份间的分析系统误差，2007 年采集的"监控网络"表层土壤样品与 2001 年副样进行同批次分析。全部样品预处理后，在中国地质科学院廊坊物化探研究所进行分析测试。用电感耦合等离子体质谱仪（ICP-MS）测定了土壤重金属 Cd 的全量。分析过程中进行分析质量监控，分别插入 8% 的 GSS-1、GSS-2、GSS-3 和 GSS-8 等国家一级标准物质和 5% 的密码重复样，监控样的分析数据显示样品分析质量符合《生态地球化学评价样品分析技术要求（试行)》的要求。

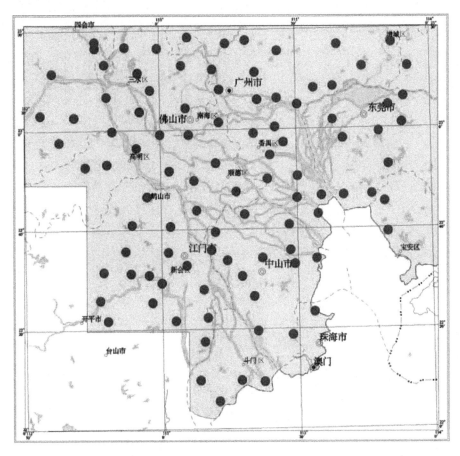

图7-2　研究区土壤点位布置图

四、珠江三角洲土壤 Cd 含量预测研究

（一）土壤 Cd 和 pH 特征

2001 年和 2007 年土壤 pH 和 Cd 的描述性统计结果、两期数据的均值多重比较分别见表7-21、表7-22。从表7-21可知，2001 年和 2007 年土壤 pH 的平均值分别为 5.65 和 6.02，属于微酸性土壤。两者均值多重比较结果表明（见表7-22），pH 的均值变化达到显著水平。从表7-22可知，土壤 pH 通过 Levene 检验，显著性为 0.099，均值比较选用方差相等条件下的 T 检验，pH 的检验结果

拒绝 H。假设，即从 2001 年至 2007 年研究区土壤 pH 发生了显著变化。总体上土壤 pH 有所升高，这与该区土地利用方式包含较多的建筑用地、居民用地、道路用地等，受石灰性填充物的影响较大有关。

六年间土壤 Cd 的平均累积量不变（见表 7 - 21），但是两者均值多重比较结果表明（见表 7 - 22），Cd 的均值变化达到显著水平。从表 7 - 22 可知，Cd 没有通过 Levene 检验，均值比较选用方差不相等条件下的 T 检验，检验结果拒绝 H。假设，即从 2001 年至 2007 年该研究区土壤 Cd 发生了显著变化。2001 年和 2007 年两期次土壤 Cd 平均含量（0.28 mg/kg）是广东土壤背景值（0.06 mg/kg）的 5 倍；与《土壤环境质量标准》（二级标准）相比较，2001 年、2007 年两期次土壤 Cd 平均含量与其相当，但是其最大值分别是《土壤环境质量标准》（二级标准）的 6 倍和 3.5 倍，表明两期次土壤 Cd 含量在土壤中富集程度高，且有部分地区 Cd 含量超过了危害生态安全的阈值。变异系数在某种程度上定量刻画了数据的离散程度和变异性。在本研究中，2007 年 Cd 的变异系数较 2001 年有降低，但变异水平仍属于强变异，暗示了土壤 Cd 主要来源于人为成因。

表 7 - 21　土壤 Cd 和 pH 的描述性统计

（单位：mg/kg）

项目	平均值	最小值	最大值	广东土壤背景值	国家土壤环境质量标准值	变异系数
Cd - 01	0.28	0.02	1.77	0.06	0.30	0.83
Cd - 07	0.28	0.02	1.04			0.72
pH - 01	5.65	3.61	8.20	—	<6.5	0.20
pH - 07	6.02	3.41	8.39			0.20

注：01、07 分别表示 2001 年和 2007 年。

表 7 - 22　土壤 pH 和 Cd 的 Levene 检验与均值 T 检验

元素	假设条件	方差相等的 Levene 检验		均值相等的 T 检验	
		F	Sig.	T	Sig. （双侧）
pH	假设方差相等	2.747	.099	- 2.579	.011
	假设方差不相等			- 2.579	.011
Cd	假设方差相等	106.616	.000	12.058	.000
	假设方差不相等			12.058	.000

以"土壤 Cd"和"珠江三角洲"为关键词，对 CNKI 数据库进行文献检索，得出 2007 年以来珠江三角洲各类土壤中 Cd 含量（见表 7 - 23）。从表 7 - 23 可知，随着时间的推移，珠江三角洲土壤 Cd 含量有累积趋势，佛山比较突出。

表 7 - 23 珠江三角洲各类土壤 Cd 含量

（单位：mg/kg）

区域及土壤类型	最大值	最小值	平均值	标准差	时间
广州菜地	——	——	0. 32	——	2012
东莞农用地	1. 00	0. 15	0. 45	0. 16	2013
佛山某工业区周边蔬菜地	0. 56	0. 13	0. 28	0. 11	2009
佛山菜地	——	——	0. 32	——	2012
佛山市郊菜地	2. 244	0. 025	0. 40	0. 632	2013
惠州菜地	——	——	0. 19	——	2012
江门菜地	——	——	0. 24	——	2012
珠江三角洲工业企业周边蔬菜地	1. 25	0. 01	0. 35	0. 25	2012

（二）土壤 Cd 累积速率估算

采用土壤重金属累积速率估算模型对研究区各地市土壤 Cd 进行累积速率估算（见表 7 - 24）。从表 7 - 24 可知，区域性土壤重金属 Cd 的年均累积速率 $K_{C2007—C2001}$ 为 0.016mg/kg，对比研究区 2007 年与 2012 年珠江三角洲工业企业周边蔬菜土壤 Cd 含量，土壤 Cd 的年均增长率 $K_{C2012—C2007}$ 为 0.014 mg/kg，为成都经济区土壤 Cd 累积速率的 2.7 倍，这可能与当地经济发展程度有一定联系。其中，东莞、广州、江门、深圳、中山和珠海土壤中 Cd 的年累积速率 $K_{C2007—C2001}$ 分别为 0.003 mg/kg、0.004 mg/kg、0.003 mg/kg、0.075 mg/kg、0.017 mg/kg 和 0.053 mg/kg，而佛山、惠州和肇庆土壤 Cd 的累积速率为负值。

假设土壤 Cd 的本底含量值为 2007 年土壤 Cd 最小值，即 0.02 mg/kg，则 36 年后土壤 Cd 含量可达到国家土壤环境质量二级标准，61 年后则达到国家土壤环境质量三级标准；若土壤 Cd 的本底含量值为 2007 年土壤 Cd 含量的平均值，即 0.28 mg/kg，则 10 年后土壤 Cd 含量可达到国家土壤环境质量二级标准，45 年后则可达到国家土壤环境质量三级土壤标准。

表7-24 珠三角各市土壤 Cd 的累积速率

（单位：mg/kg）

市名	样品数	Cd	市名	样品数	Cd
东莞市	8	0.003	深圳市	2	0.075
佛山市	24	-0.009	肇庆市	4	-0.004
广州市	21	0.004	中山市	13	0.017
惠州市	1	-0.002	珠海市	12	0.053
江门市	11	0.003	平均	—	0.016

（三）土壤 Cd 时空分布预测

采用"时空模式"和"空时模式"对土壤 Cd 进行空间预测（见图7-3、图7-4）。从图7-3、图7-4可知，2020年土壤 Cd 的高值空间分布模式主要呈斑块状分布，形成包括佛山—江门—中山在内的连绵区，土壤 Cd 的低值主要分布在研究区的西南和东北部分。"时空模式"的土壤 Cd 空间预测（见图7-3），可能是由于各点位叠加的累积速率是各市的平均累积速率，且采用克里金插值进行空间预测时，会产生"平滑效应"，即产生过高或过低估值，该效应在大量的文献中有相关的报道。"空时模式"的空间预测（见图7-4），图上有空白点或

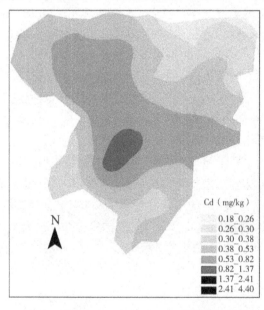

图7-3 基于"时空模式"的2020年土壤 Cd 含量累积趋势图

区，即其值为0。这是由于各点的累积速率不是平均累积速率，而是经过空间预测后，各点位本身的累积速率，导致土壤 Cd 相对累积量增加或减少的点在未来累积趋势中，其累积趋势相应地增加或减少。对比"时空模式"和"空时模式"空间预测结果，在时间序列资料较少的情形下，"时空模式"的预测结果较稳健。

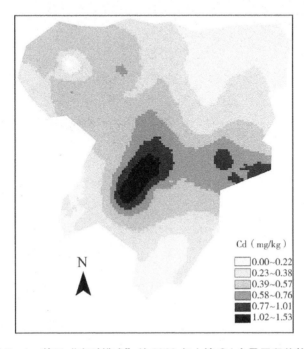

图 7 - 4　基于"空时模式"的 2020 年土壤 Cd 含量累积趋势图

五、土壤 Cd 累积趋势预警

本研究采用生态地球化学环境预警方法对土壤 Cd 展开预警。对土壤生态地球化学预警阈值的选取，主要参考《土壤环境质量标准》，以标准明确规定的 Cd 含量作为预警阈值。由于预测 2020 年土壤属于酸性土壤（pH < 6.5），故 2020 年土壤 Cd 生态地球化学预警阈值为 0.3 mg/kg。

预警结果表明（见图 7 - 5），重警区域有佛山市南海区、禅城区，广州市番禺区，江门市，中山市以及东莞部分与广州接壤的区域；中警区域有广州市、东莞部分区域，轻警区域有珠海市、东莞少部分区域，无警区域位于广州市增城区。2020 年研究区土壤 Cd 污染问题依然严峻，由土壤 Cd 污染引起的环境问题直接威胁着区域土壤生态、环境安全，研究区中处于中警和重警警度的区域占整个区域的大部分。因此，土壤环境风险管理需要采取预防、控制和修复相结合的原则，预防土壤污染，控制土壤污染扩散，修复受污染土壤。

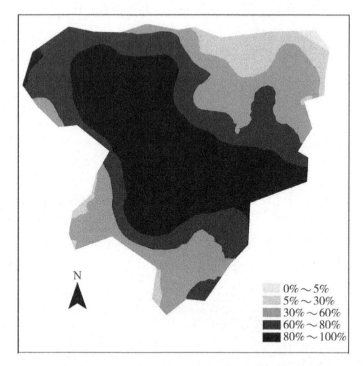

图7-5　2020年土壤Cd含量概率空间分布图

第八章　土壤—蔬菜系统重金属特征与预测预警

食品安全是关系到人类健康的首要问题，重金属污染是威胁食品安全的重要问题之一。随着社会经济的迅速发展，环境污染不断恶化。工业"三废"的排放，城市垃圾、污泥、废弃物以及含重金属的农药、化肥的不合理使用等均造成农业环境污染。蔬菜主要通过根系从土壤吸收、富集重金属，但也可通过叶片上的气孔从空气中吸收气态或尘态的重金属元素。Pb 是一种对人类的中枢神经系统以及骨骼发育具有显著毒副作用的重金属。长期暴露在含 Pb 的环境中对人体尤其对儿童的不良影响更为显著。土壤中的 Pb 通过两种暴露途径对人体产生健康效应，一种是 Pb 经土壤—人途径对健康风险的"贡献"，这一途径在许多情况下是人体特别是儿童体内重金属的主要来源途径。通过土壤—蔬菜食物链进入人体是土壤 Pb 进入人体的另一暴露途径。当 Pb 在人体的累积量超过一定阈值，就会产生毒性。因此，土壤中 Pb 的研究受到广泛关注，蔬菜 Pb 含量的研究也有着极其重要的实际意义。

为了对蔬菜地重金属含量采取合理的科学管理和防治，通过蔬菜消耗估计人体吸收重金属的研究也越来越受到重视。国内外学者建立了大量的模型用于描述土壤与蔬菜之间的重金属含量关系，包括了线性模式、高原模式和 Langmuir 模式。尽管一般用土壤重金属全量作为土壤环境质量标准，但是它被用于预测土壤—蔬菜系统中的转换被质疑，因为土壤重金属的形态及生物有效性会随着土壤的物理化学属性不同而变化。有学者认为用土壤重金属的有效量计算的富集系数比用土壤重金属的全量计算的富集系数更有效。本研究分别采用了土壤重金属 Pb 的全量及其有效量计算了土壤—蔬菜系统中的富集系数，选取比较合理的模型预测了蔬菜重金属 Pb 的含量。

佛山市顺德区位于珠江三角洲经济区典型平原区，该区利用独特的地缘、人缘优势和优惠的政策条件，迅速实现了工业化；2003 年顺德经济名列全国百强县（市）第一名，因此，对该区土壤和蔬菜中 Pb 的健康安全预测预警具有一定的启示意义。人体通过摄入蔬菜吸收有毒重金属的含量与摄入蔬菜的量以及蔬菜中有毒重金属的含量有关。由于地区不同、家庭经济收入水平的差异性，使人群有不同膳食结构，其摄入蔬菜的量也不同。因此，有必要对研究区不同的区域、家庭经济收入水平的人群进行健康风险评价。

第一节 数据来源

本研究首先对顺德区开展了农业土壤调查。在研究区蔬菜地，系统采集了208个非根际的表层土样品（深度为0～20 cm）和114个对应蔬菜样品（见图8-1）。土壤样点位置主要由蔬菜种植区决定，为减少蔬菜吸收的影响，在蔬菜之间采样，每一个样点由4～5个子样混合组成。土壤样品在室温下（20 ℃～24 ℃）风干，除去石子和其他碎片，然后过2 mm的聚乙烯筛，混匀后取50 g在玛瑙研钵中研磨，完全过0.149 mm筛。采集的蔬菜样品为1～2 kg，共采集3种典型叶菜类蔬菜114个样品，其中浅色蔬菜72个，深色蔬菜42个。每种蔬菜样品带回实验室后进行预处理，去除虫咬、老残部分，用自来水冲洗去除污泥等，再用蒸馏水洗净，并用纱布揩干水分，75 ℃烘干，磨碎备用。

样品加工后由中国地质科学院物化探研究所分析。测定了土壤Pb全量、部

图8-1 样点分布图

分土壤 Pb 的 7 种形态及蔬菜 Pb 含量。本研究在 Tessier 浸提法的基础上把土壤中的重金属划分为 7 种形态：水溶态（M_W）、可交换态（M_E）、碳酸盐结合态（M_C）、腐殖酸态（M_{HA}）、铁锰氧化物结合态（M_F）、有机物结合态（M_{SO}）、残渣态（M_R）。土壤 Pb 全量，即通过测定土壤中待测元素 Pb 全部进入试样溶液的含量。Pb 的总量为 7 种形态之和。土壤 Pb 的有效量为 M_W、M_E、M_C 和 M_{HA} 四种形态含量总和。

采用电感耦合等离子体质谱仪（ICP－MS）测定所有样品。土壤 Pb 全量和形态分析过程中分别插入 8% 的 GSS－1、GSS－2、GSS－3、GSS－8 和 10% 的 GSF－2、GSF－3、GSF－4、GSF－5 国家一级标准物质及 5% 的密码重复样监控分析质量；蔬菜样品测试过程中插入 8% 的一级标准物质 GSB5、GSB6、GSB7。全部监控样分析数据显示样品分析质量符合《生态地球化学评价样品分析技术要求（试行）》的规定要求。

第二节　模型构建

一、基于 Hazen 概率曲线的土壤重金属累积预测数学模型

土壤的污染过程可归纳为两个阶段：一是加速阶段，二是匀速阶段。本研究以此为建立土地安全质量预警预测的数学基础。

（1）单位重量土壤重金属污染元素现累积量（Q）计算公式：

$$Q = A - B \qquad (8-1)$$

式中，A 为浅层土壤某元素含量值，以 Hazen 概率曲线得到的污染叠加含量值表示；B 为元素土壤背景值，以 Hazen 概率曲线得到的背景值表示。

（2）累积加速率及现速率。根据研究区的工业化、城市化进程，产业结构以及人均 GDP 与环境的关系等方面，本研究拟把 2007 年作为临界年份，1973—2007 年的土壤污染加速进行，之后匀速发展。

设 Hazen 概率曲线得到的背景值为 1973 年土壤含量值，叠加含量值为 2007 年土壤含量值，1973—2007 年的土壤重金属是加速累积，其间土壤累积增加量 $Q = V_{1973} \cdot t + \frac{1}{2}at^2$，设 V_{1973} 为零，则 $Q = \frac{1}{2}at^2$，加速率 a 及 2007 年的累积速率如下：

$$a = 2Q/t^2 \Rightarrow a = 2(A - B)/1225 \qquad (8-2)$$

$$V_0 = a \cdot t \Rightarrow V_0 = 2(A - B)/35 \qquad (8-3)$$

式中，a 为累积加速率；V_0 为某种污染元素的累积现速率（2007 年）；$t = 35$（重金属累积年限）。

二、蔬菜重金属含预测模型

土壤—蔬菜系统中的富集系数（也称提取系数、累积系数或转换系数）是一种评估蔬菜吸收土壤重金属潜力的指标。通常，富集系数定义为蔬菜中重金属浓度与土壤中该重金属浓度之比，可以用下式表示：

$$TF = \frac{C_{蔬菜}}{C_{土壤}} \qquad (8-4)$$

式中，$C_{蔬菜}$ 表示蔬菜可食部位重金属的浓度（湿重），本研究假定蔬菜含水量占组织鲜重的 90%；$C_{土壤}$ 可用土壤重金属全量或土壤重金属的生物有效量表示。

对于大部分蔬菜而言，富集系数（TF）与相应的土壤重金属全量或其生物有效量之间存在显著相关性，可用幂方程表示如下：

$$Y = a \cdot X^b \qquad (8-5)$$
$$Z = a \cdot X^{(b+1)} \qquad (8-6)$$

式中，Y 与 X 分别表示富集系数和土壤重金属全量或其生物有效量；Z 表示蔬菜可食部位重金属的含量（湿重）；a，b 为系数。

第三节　土壤—蔬菜系统中 Pb 的含量特征

一、土壤 Pb 的含量特征

表 8-1 为土壤 Pb 元素的描述性统计，从表 8-1 中可以发现，土壤 Pb 全量平均值为 44.3 mg/kg，分布范围为 19.5～391.6 mg/kg，其最大值是广东土壤背景值的 10.9 倍，是无公害蔬菜产地环境要求的 2.6 倍。土壤 Pb 总量平均值为 46.27 mg/kg，高于土壤 Pb 全量的平均值；按照土壤 Pb 的生物有效性，土壤 Pb 的有效量为 Pb 的 M_W、M_E、M_C 和 M_{HA} 4 种形态含量的总和，其平均值为 3.56 mg/kg。重金属 7 种形态按照在水中的溶解度从小到大排列为：$M_W < M_E < M_C < M_{HA} < M_F < M_{SO} < M_R$。对土壤样品 Pb 全量进行统计，有 1.4% 的土壤样品超过无公害蔬菜产地环境要求，77.5% 的土壤样品超过广东省土壤背景值。

表 8-1　土壤 Pb 元素的描述性统计

（单位：mg/kg）

项目	样品数（n）	算术平均值	几何平均值	中值	标准差	最大值	最小值	分布
全量	208	52.60	47.04	44.30	39.20	391.60	19.50	非正态
总量	38	46.27	44.90	43.55	11.48	69.50	28.30	正态
有效量		3.89	3.56	3.58	1.86	11.75	1.22	对数正态
参考标准	广东土壤背景值	36						
	无公害蔬菜产地环境要求（GB/T 18407.1.2001）	150						

从表 8-2 可以看出，土壤 Pb 全量与 Pb 的总量、有效量有显著的强相关性，相关系数分别到达 0.987、0.508。土壤 Pb 有效量与 Pb 的全量、总量及土壤 pH 之间的相关性也较显著。采用逐步回归法拟合土壤 Pb 有效量与土壤 Pb 全量及土壤 pH 的多元回归模型，其数学表达式如下：

$$\lg(Pb_{有效量}) = -0.332 + 0.867\lg(Pb_{全量}) - 0.082pH$$

$$R^2_{adj} = 0.514 \quad p < 0.01 \quad n = 39。$$

从上式可看出，土壤 pH 与土壤 Pb 有效量表现为负相关性，即酸性加大了土壤 Pb 的溶解度，增加了土壤 Pb 的有效量。土壤 Pb 全量与土壤 Pb 有效量则表现为正相关性，即土壤 Pb 含量的增加促进了 Pb 的活性量。

表 8-2　土壤 Pb 全量、总量、有效量及其属性 pH 之间的相关系数

相关系数	全量 Pb（mg/kg，干重）	总量 Pb（mg/kg，干重）	有效量 Pb（mg/kg，干重）	pH
全量 Pb	1	0.987**	0.508**	ns
总量 Pb		1	0.481**	ns
有效量 Pb			1	-0.510**
pH				1

注："ns"表示不显著，"**"表示在 0.01 水平上显著相关（双尾检验）。

二、蔬菜 Pb 的含量特征

深色蔬菜是指深绿色、红色、橘红色、紫红色等蔬菜，反之则为浅色蔬菜。本研究中，深色蔬菜包括油麦菜，浅色蔬菜包括菜心和生菜。研究区 3 种典型蔬菜品种、114 个蔬菜样品中所含 Pb 的统计结果见表 8-3。由表 8-3 可知，菜心服从正态分布，其平均值为 0.18 mg/kg；生菜和油麦菜服从对数正态分布，其平均值分别为 0.31 mg/kg 和 0.27 mg/kg；浅色蔬菜 Pb 的平均含量几乎与深色蔬菜相当。3 种蔬菜的 Pb 含量按从小到大排序为：菜心 < 油麦菜 < 生菜。各品种蔬菜中的 Pb 浓度变异很大，菜心的 Pb 平均浓度低于《农产品安全质量无公害蔬菜安全要求》所规定的限量值（0.2 mg/kg），其余蔬菜品种均高于其限量值。研究区蔬菜 Pb 超标率为 74.6%，均高于广州市集主要蔬菜销售市场出售蔬菜 Pb 的超标率 22.2% 和北京市蔬菜 Pb 含量超标率 9.2%。同时，上述分析结果表明，仅有 1.4% 的土壤 Pb 含量超过无公害蔬菜产地环境要求。这表明蔬菜中 Pb 污染可能与工业废水的排放以及汽油的燃烧等人为活动有关。郑路等人在研究蔬菜 Pb 吸收时认为，大气中的 Pb 50% 以上可被蔬菜叶片直接吸收。有关研究表明，含 Pb 汽油使用的不良后果将在未来相当一段时间内持续，可能会造成蔬菜 Pb 含量的超标。这进一步说明研究区某些蔬菜可能受到大气沉降的污染。

表 8-3 各种蔬菜中铅的统计性描述

（mg/kg，鲜重）

品种	样品数量	范围	中值	算术均值	几何均值	数据分布	超标率（%）
菜心	23	0.08～0.33	0.17	0.18	0.17	正态	34.8
生菜	49	0.12～0.86	0.31	0.34	0.31	对数正态	89.8
油麦菜	42	0.13～0.55	0.27	0.29	0.27	对数正态	78.6
浅色蔬菜	72	0.08～0.86	0.24	0.29	0.26	对数正态	72.2
深色蔬菜	42	0.13～0.55	0.27	0.29	0.27	对数正态	78.6
全部蔬菜	114	0.08～0.86	0.26	0.29	0.26	对数正态	74.6
蔬菜 Pb 含量标准	0.2						

蔬菜 Pb 与土壤 Pb 全量、总量、有效量及土壤 pH 值之间的相关系数见表 8-4，由表 8-4 可知，菜心、油麦菜的 Pb 含量与土壤 Pb 全量、总量、有效量及其

pH 值之间无显著的相关性，这种较差的相关性，与环境条件、蔬菜地管理、蔬菜的生长状态以及可能的大气沉降等有关。生菜的 Pb 含量则与土壤 Pb 全量、总量及有效量有显著的相关性，相关系数分别为 0.587、0.579、0.49，综合上述生菜 Pb 的高浓度，表明生菜中所含的 Pb 主要来源于土壤，故在较高浓度 Pb 污染土壤中不适于种植该蔬菜品种。

表 8-4　蔬菜 Pb（湿重）和土壤 Pb 全量、总量、
有效量（干重）及其属性 pH 之间的相关系数

（单位：mg/kg）

相关系数	全量 Pb	总量 Pb	有效量 Pb	pH
生菜	0.587＊＊	0.579＊＊	0.49＊	ns
菜心	ns	ns	ns	ns
油麦菜	ns	ns	ns	ns

注："ns"表示不显著；"＊""＊＊"分别表示 $P < 0.05$ 和 $P < 0.01$ 的差异显著性水平。

三、蔬菜 Pb 的富集程度

对于某一重金属而言，富集系数随着蔬菜品种不同而变化很大。对于特定的蔬菜种类和特定的重金属，富集系数具有不变性，因此，该蔬菜富集系数的算术平均值、几何平均值和中位数可作为其特征指标。本研究分别以土壤 Pb 的全量、有效量计算富集系数。

（一）基于土壤 Pb 全量的富集系数

基于 Pb 全量的生菜、菜心和油麦菜的富集系数分别为 0.0006～0.019、0.001～0.014 及 0.002～0.014（见图 8-2）。以富集系数的均值作为蔬菜提取土壤 Pb 的能力指标，三种蔬菜基于土壤 Pb 全量的富集系数从大到小排序为：生菜＞油麦菜＞菜心。窦磊等在广东东莞地区对 7 种蔬菜的重金属分布与富集特性进行了分析，发现了类似的现象。蔬菜对土壤重金属的提取主要取决于蔬菜因素和土壤性质。其中，最重要的蔬菜因素是蔬菜的基因型或基因组成。从图 8-2 可看出，富集系数随着土壤 Pb 全量的增加而减小，表明了能被蔬菜提取的土壤 Pb 含量随着土壤 Pb 全量的增加而减小。当土壤 Pb 全量较低时（例如对于菜心而言，土壤 Pb 全量低于 40 mg/kg），富集系数随着土壤 Pb 含量的增加急剧减小；当土壤 Pb 全量较高时（例如对于菜心而言，土壤 Pb 全量高于 60 mg/kg），富集系数随着土壤 Pb 含量的增加缓慢减小。

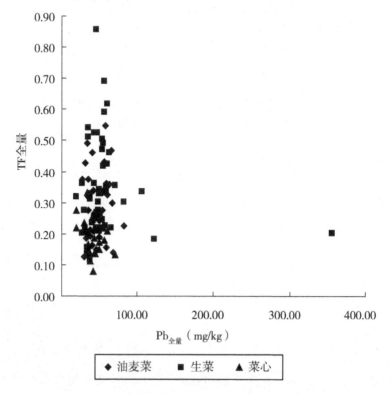

图 8-2　基于全量的富集系数与土壤 Pb 全量的关系

（二）基于土壤 Pb 有效量的富集系数

基于 Pb 有效量的生菜、菜心和油麦菜的富集系数取值范围分别为 0.029 ~ 0.203、0.02 ~ 0.13 及 0.026 ~ 0.149（见图 8-3）。蔬菜基于土壤 Pb 有效量的富集系数的排序与上述分析的基于土壤 Pb 全量的富集系数排序一致。从图 8-3 可看出，蔬菜的富集系数随着土壤 Pb 有效量的增加而减小。当土壤 Pb 有效量较低时（如蔬菜 Pb 的有效量低于 4 mg/kg 时），富集系数随着土壤 Pb 有效量的增加急剧减小；当土壤 Pb 有效量较高时（如蔬菜 Pb 的有效量大于 7 mg/kg 时），富集系数随着土壤 Pb 有效量的增加缓慢减小。

蔬菜与土壤 Pb 的全量或有效量之间均存在一种"高原模式"，即蔬菜重金属元素的吸收在一定阈值后达到稳定。前人对这种模式也进行了相关报道，但是两者产生相同现象的机理是不同的。蔬菜与土壤 Pb 全量之间的"高原模式"不能归因于土壤 Pb 全量的增加导致了土壤 Pb 有效量减少，其可能主要与蔬菜的生物因素有关。而后者可能与蔬菜根部的吸附点离子浓度较高从而导致强烈的竞争吸附有关。

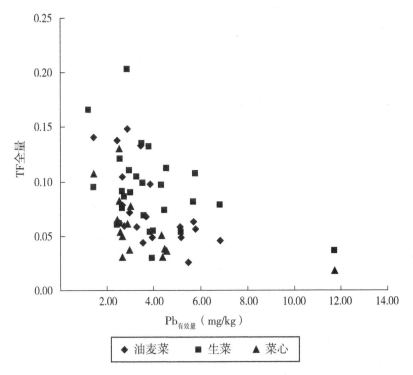

图8-3　基于有效量的富集系数与土壤Pb有效量的关系

第四节　土壤和蔬菜Pb的预测预警

一、土壤Pb含量预测

本研究对2007年的土壤Pb含量数据，采用Hazen概率曲线方法区分其背景含量和污染叠加含量。总数据集Hazen概率曲线见图8-4，Hazen概率分布参数见表8-5。如图8-4所示，在总数据集Hazen概率曲线中，曲线拐点的对应含量应为有叠加成因的含量与原始背景含量的界限点，在顺德地区土壤Pb元素含量中该值为49.2 mg/kg，所有大于该值的含量数据均包含人为因素叠加含量，也就是出现污染叠加的下限值。由表8-5可知，以代表研究区土壤Pb元素自然背景含量的子集 1 的均值（38.6 mg/kg）作为研究区土壤中 Pb 元素含量的自然背景值，与已知的具有区域意义的广东省土壤 Pb 元素背景值 36 mg/kg 接近，在一定程度上显示了基于 Hazen 概率曲线区分地区土壤 Pb 元素自然背景值与污染叠加含量值的有效性。

表 8 – 5　土壤中 Pb 元素含量 Hazen 概率分布参数

名称	拐点		平均值	标准差	变异系数	说明
	对应含量	对应概率				
总分布曲线	49.2 mg/kg	65.1%	—			代表土壤中 Pb 元素背景含量和人为因素叠加含量总和的分布特征
子集 1	—		38.6 mg/kg	6	0.16	代表土壤中 Pb 元素背景含量的分布特征
子集 2	—		56.5 mg/kg	15.6	0.28	代表人为因素导致的 Pb 元素叠加含量的分布特征

注：分布参数为据 Hazen 概率曲线坐标的估值。

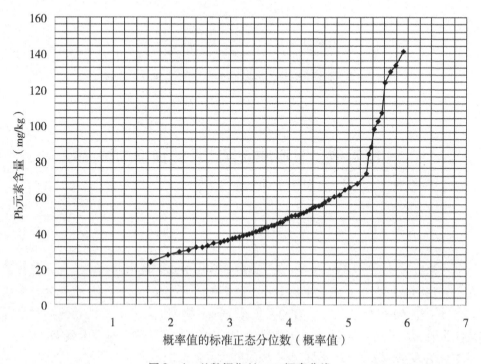

图 8 – 4　总数据集 Hazen 概率曲线

　　根据前文所述土壤重金属累积预测数学模型，计算出研究区 2007 年蔬菜土壤 Pb 的累积速率为 1.02 mg/kg。李恋卿等研究了太湖地区水稻土表层土壤 Pb 在综合影响下 10 年尺度内的累积速率为 0.75 mg/kg，陈涛等分析了杭州市城乡结合带蔬菜地土壤 Pb 4 年（2001—2005 年）中增加了 7.41 mg/kg，累积速率为 1.85 mg/kg；本研究的土壤 Pb 累积速率介于两者之间，这可能与顺德的经济发展水平也介于杭州市与太湖地区之间有关。

　　如图 8-5 所示，Pb 的空间分布总体主要以点状分布为主，以研究区东北、西北及中部为核心，浓度逐级向四周递减。研究区东北部位于北滘镇，该镇的西达发电厂为火力发电厂，其产生的废气废渣中 Pb 含量较高，导致其成为 Pb 污染热点之一。有研究表明，大气沉降对农业土壤 Pb 的输入贡献率最大。该镇也分布一些电器厂，其排放的"三废"也使其成为污染热点。研究区东北部位于乐从镇，该镇土壤 Pb 热点主要分布在北上、乐从北围、大坝等工业区，成规模的工业生产可能是该区域 Pb 输入的主要来源；325 国道穿越该镇，也是该镇土壤 Pb 含量较高的重要因素。此外，研究区中部一些工业区也成为 Pb 污染的空间热点，如杏坛的吕地工业园及集约工业园等。

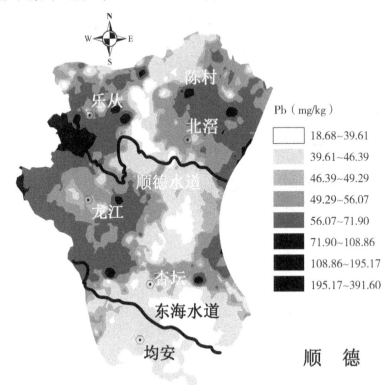

图 8-5　2007 年土壤 Pb 全量的空间分布图

以研究区当前社会经济发展水平为依据，以 2007 年 Pb 的土壤累积速率为初速度，分别预测未来 5 年及 10 年土壤 Pb 的累积趋势空间在分布。图 8 - 6 是土壤 Pb 在 2012 年、2017 年的空间分布图。从图 8 - 6 可以看出，Pb 的污染空间热点在数量上没有变化，但其热点范围不断扩大，到 2017 年成为块状分布，而且周边土壤受到的影响也越来越强烈。

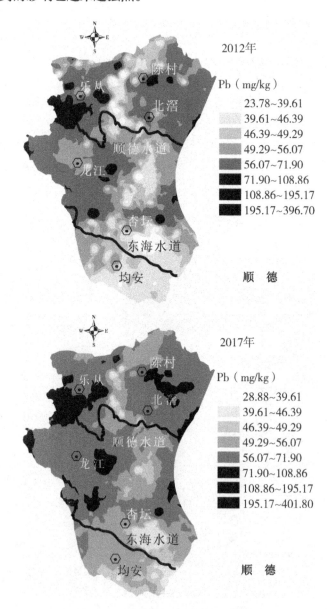

图 8 - 6　2012 年、2017 年土壤 Pb 全量的预测图

二、蔬菜 Pb 含量预测

为了对蔬菜地重金属采取合理的科学管理，通过蔬菜消耗量估计人体吸收重金属的研究越来越受到关注。通过对土壤重金属全量或有效量与蔬菜重金属之间的数量关系预测蔬菜重金属含量，可获得足够的蔬菜重金属数据用于健康风险评价。

蔬菜的富集系数与土壤 Pb 全量、有效量之间的关系均可用幂函数模型描述（见表 8 -6）。用基于 Pb 全量的富集系数预测菜心 Pb 含量，经检验，菜心 Pb 含量预测值与现实不符。由前所述蔬菜重金属含量预测模型，可得蔬菜 Pb 含量关系式，菜心和油麦菜关系式中的 x 表示土壤重金属有效量，生菜关系式中的 x 表示土壤重金属全量。

表 8 -6　Pb 的富集系数（y）及蔬菜 Pb 含量（z）和土壤 Pb（x）之间的关系

蔬菜种类	样品数量	基于全量的富集系数	样品数量	基于有效量的富集系数	蔬菜 Pb 预测方程
菜心	49	$y = 0.57x^{-1.322}$ $R^2 = 64.9^{**}$	15	$y = 0.143x^{-0.869}$ $R^2 = 60.1^{**}$	$z_{菜心} = 0.143x^{0.131}$
生菜	23	$y = 0.243x^{-0.939}$ $R^2 = 46.5^{**}$	28	$y = 0.142x^{-0.414}$ $R^2 = 18.7^{*}$	$z_{生菜} = 0.243x^{0.061}$
油麦菜	42	$y = 0.09x^{-0.714}$ $R^2 = 24.2^{**}$	20	$y = 0.192x^{-0.794}$ $R^2 = 42.8^{**}$	$z_{油麦菜} = 0.192x^{0.206}$

注："*" 表示 $p < 0.05$ 的差异显著性水平；"**" 表示 $p < 0.01$ 的差异显著性水平。

如图 8 -7 所示，菜心 Pb 的高浓度位于研究区的北部及中部，主要有乐从、北滘、陈村及龙江等镇；生菜、油麦菜 Pb 的高浓度分布位置大体相同，位于研究区的龙江镇及陈村镇，这与研究区蔬菜土壤 Pb 的空间分布大体一致。

三、土壤 Pb 趋势预警

土壤中的 Pb 通过两种暴露途径对人体产生健康效应，一种是 Pb 经土壤—人途径对健康风险的"贡献"，这一途径在许多情况下是人体特别是儿童体内重金属的主要来源；另一种通过土壤—蔬菜食物链进入人体，当 Pb 在人体的累积量超过一定阈值，就会产生毒性。对于前一种暴露途径，美国国家环境保护局国家环境评价中心研究与发展办公室根据有关研究，提出儿童每日误食土壤的摄入量

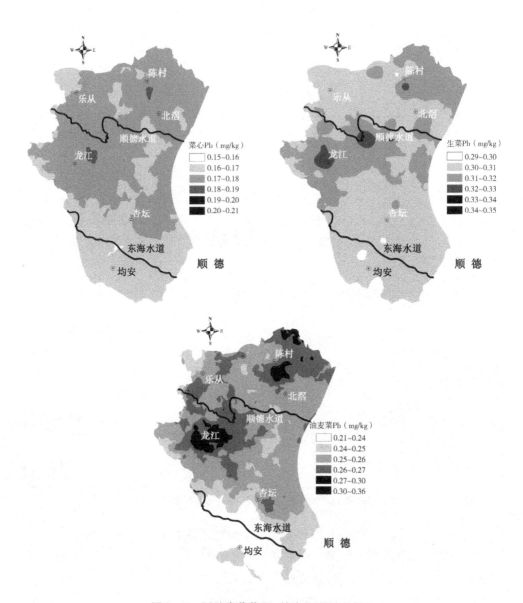

图 8-7　同种类蔬菜 Pb 的空间预测分布图

为 200 mg/d，成人为 50 mg/d，但是我国目前这方面的报道尚少，因此本研究将以此值作为土壤—人暴露途径的参数。世界卫生组织（Word Helth Organization，简称 WHO）提出 Pb 的每周可耐受摄入量（PTWI）为 25 μg/kg（儿童）和 50 μg/kg（成人），那么对于体重 60 kg 的成人来说，对 Pb 的摄入量不能超过 429 μg/d；而对于体重 15 kg 的儿童来说，则 Pb 的摄入量不得超过 54 μg/d。由此计算出土壤 Pb 的浓度超过 8580 mg/kg 时，成人通过第一种暴露途径中毒；当浓度为 270 mg/kg 时，儿童通过第一种途径产生毒害效应。有研究发现，在一些大型矿区蔬菜地土壤 Pb 含量高达 3258 mg/kg，故选择 8580 mg/kg 作为健康安全的阈值较为合理。以《无公害蔬菜产地环境要求》（GB/T18407.1.2001）及《土壤环境质量标准》对 Pb 明确规定的含量作为后一种暴露途径的阈值，其值分别为 150 mg/kg、300 mg/kg。本研究分别以 150 mg/kg、270 mg/kg、300 mg/kg、8580 mg/kg 为阈值对土壤 Pb 的累积趋势进行预警（见表 8 - 7）。

从表 8 - 7 可发现，2007 年研究区土壤 Pb 含量超过 150 mg/kg 的土壤面积占总面积的 1.44%，而 2012 年、2017 年则分别为 1.92%、2.4%。2007 年、2012 年、2017 年超过 270 mg/kg、300 mg/kg 的土壤面积不变，占总面积的 0.96%。在 2007—2017 年间没有土壤 Pb 含量达到 8580 mg/kg。这表明未来十年研究区土壤 Pb 含量存在一定的风险。

表 8 - 7　未来 10 年研究区蔬菜土壤 Pb 含量超过阈值的土壤面积占总面积的比例

（单位：%）

时间＼浓度	150 mg/kg	270 mg/kg	300 mg/kg	8580 mg/kg
2007 年	1.44	0.96	0.96	0
2012 年	1.92	0.96	0.96	0
2017 年	2.40	0.96	0.96	0

第九章 土壤重金属生态地球化学风险评价及管理

第一节 土壤生态地球化学风险评价方法

风险是指遭受损失、损伤、毁坏的可能性，或者指产生有害结果的内在概率规律。对有害因子的影响发生的机率进行评价的过程称为风险评价。一般而言，风险评价包括两个层面，第一是技术层面，即科学导向性风险分析，主要对环境问题进行认定与估计，包括危害证实、效应评价、暴露评价和风险表征 4 个元素，是制定管理决策进行环境风险管理的基础；第二是社会层面，即决策导向性风险管理，对风险进行认知与接受，针对风险问题制定相应的管理决策。依据评价受体不同，环境风险评价被划分为健康风险评价和生态风险评价，其中前者所针对评价受体为人，评价对象为化学胁迫因子；后者所针对评价受体是生态系统、生态系统组分或生物。环境风险评价是指对人类的各种社会经济活动所引发或面临的危害（包括自然灾害）对人体健康、社会经济、生态系统等所造成的可能损失进行评估，并据此进行管理和决策的过程。狭义上，环境风险评价常指对有毒有害物质（包括化学品和放射性物质）危害人体健康和生态系统的影响程度进行概率估计，并提出减小环境风险的方案和对策。

一、生态风险评价

目前，大多数学者采用传统的基于重金属总量的评价方法来评价土壤重金属污染，方法主要有地积累指数法、富集因子法、潜在生态危害指数、内梅罗污染综合指数法，另有将模糊数学和污染指数法相结合应用于土壤重金属污染评价的方法等。但是根据重金属总量进行环境风险评价，仅可一般地了解重金属的污染程度，难以反映土壤重金属的化学活性和生物可利用性，不能有效地评价重金属的迁移特性和可能的潜在生态危害。而基于重金属形态学的评价则能更好的预测出重金属的污染状况，为重金属污染的预防与治理提供更科学的依据。

（一）基于形态学研究的 RAC 风险评价法

Singh 等人认为由人类活动引起的可交换态和碳酸盐结合态含量的升高会增加沉积物重金属的生物有效性。Jain 在可交换态与碳酸盐结合态的基础上建立了 RAC（Risk Assessment Code）风险评价指标，评价指标分为 4 个等级：低（<10%）、中（10%～30%）、高（30%～50%）、很高（>50%）。当沉积物中可交换态与碳酸盐结合态的总含量超过 50% 时，沉积物中的重金属很容易进入食物链，从而危害人类健康。由于重金属的毒性因其种类、浓度以及暴露时间的不同而不同，此指标只能提供重金属有效性的大致范围。

（二）次生相与原生相比值法（RSP）和次生相富集系数法（PEF）

RSP 法数学表达式为：

$$RSP = Msec/Mprim \qquad\qquad (9-1)$$

式中，RSP 表示污染程度；$Msec$ 表示次生相中的重金属含量；$Mprim$ 表示原生相中的重金属含量。次生相是除残渣态以外的其他形态，原生相指残渣态。$RSP < 1$ 为无污染，$1 < RSP < 2$ 为轻度污染，$2 < RSP < 3$ 为中度污染，$RSP > 3$ 为重度污染。

PEF 法数学表达式为：

$$KPEF = [Msec(a)/Mprim(a)]/[Msec(b)/Mprim(b)] \qquad (9-2)$$

式中，$KPEF$ 为重金属在次生相中的富集系数；$Msec(a)$ 为样品次生相中重金属的含量；$Mprim(a)$ 为样品原生相中重金属含量；$Msec(b)$ 为未受污染参照点样品次生相中重金属的含量；$Mprim(b)$ 为未受污染参照点样品原生相中重金属的含量。当 $KPEF < 1$ 时，表示未受污染；当 $1 < KPEF < 2$ 时，表示轻度污染；当 $2 < KPEF < 3$ 时，表示中度污染；当 $KPEF > 3$ 时，表示重度污染。

二、健康风险评价

环境健康风险评估是表征因环境污染所致的潜在健康效应过程，主要评估区域内或场地污染对人体健康造成的影响与损害，以便确定环境风险类型与等级，预测污染影响范围及危害程度，为风险管理提供科学依据与技术支持。

第二节　肝癌高发区土壤重金属环境风险评价

一、内梅罗综合指数法

运用内梅罗综合指数法量化污染风险，可获得潜在污染区域。内梅罗综合指数的计算仅需要每个样品的测量值和给定的评价标准。其通过下列等式计算：

$$P = \sqrt{\frac{\left(\dfrac{C_i}{S_i}\right)^2_{max} + \left(\dfrac{C_i}{S_i}\right)^2_{ave}}{2}} \qquad\qquad (9-3)$$

式中，P 是相应的每个样品的综合评价分；C_i 是在每个样品的某种元素的测量值；i 是某种元素；S_i 是第 i 种元素的评价标准。本研究的评价标准采用了《中华人民共和国国家土壤环境质量标准》（GB15618—1995）的二级标准（pH = 6.5 ～7.5）。根据《绿色食品产地土壤环境质量标准》（NY/T391—2000）将污染划分为 5 个级别，在求得每个样点的内梅罗综合指数后，用普通克里金插值法对其进行空间插值，可获得蔬菜地土壤重金属评价图。基于采样布点较均匀，对每个样点的综合指数依据污染级别分成 5 个类，可计算每个类在总类数中所占比例。

二、数据来源（表 9 - 1）

表 9 - 1　重金属单因子评价表

样点编号	As	Cd	Cr	Cu	Hg	Ni	Pb	Zn
1	0.66	2.09	0.29	0.54	1.17	0.75	0.20	0.64
2	0.43	1.55	0.27	0.53	0.39	0.72	0.69	0.49
3	0.67	2.43	0.31	0.55	0.41	0.93	0.20	0.55
4	0.56	1.49	0.26	0.49	0.63	0.69	0.18	0.50
5	0.65	1.99	0.29	0.49	0.31	0.80	0.19	0.50
6	0.57	1.67	0.28	0.46	0.46	0.69	0.16	0.50
7	0.42	1.21	0.24	0.31	0.27	0.57	0.12	0.37

续表 9-1

样点编号	As	Cd	Cr	Cu	Hg	Ni	Pb	Zn
8	0.47	0.93	0.20	0.24	0.13	0.35	0.12	0.27
9	0.78	3.49	0.33	0.61	0.33	0.85	0.24	0.66
10	0.59	1.59	0.32	0.51	0.35	0.76	0.15	0.47
11	0.54	2.10	0.31	0.54	0.43	0.78	0.17	0.52
12	0.61	1.76	0.32	0.60	0.71	0.84	0.18	0.51
13	0.54	1.73	0.31	0.63	1.26	0.85	0.20	0.52
14	0.48	1.55	0.31	0.49	0.37	0.73	0.13	0.43
15	0.48	1.76	0.29	0.58	0.29	0.76	0.18	0.49
16	0.42	1.67	0.26	0.44	1.41	0.66	0.15	0.46
17	0.59	2.20	0.28	0.59	3.00	0.75	0.24	0.59
18	0.55	1.54	0.28	0.44	0.89	0.69	0.17	0.44
19	0.35	1.54	0.22	0.26	0.20	0.48	0.09	0.32
20	0.43	1.52	0.25	0.37	0.31	0.55	0.12	0.37
21	0.52	1.49	0.32	0.56	0.35	0.83	0.21	0.54
22	0.56	1.68	0.31	0.54	0.47	0.80	0.15	0.46
23	0.42	1.93	0.24	0.50	1.55	0.63	0.18	0.59
24	0.53	2.95	0.31	0.63	0.67	0.90	0.22	0.76
25	0.71	2.22	0.29	0.48	1.05	0.73	0.22	0.54
26	0.65	1.74	0.26	0.44	0.31	0.65	0.20	0.51
27	0.64	2.06	0.38	0.56	0.28	0.62	0.18	0.64
28	0.30	1.27	0.10	0.17	0.08	0.27	0.13	0.24
29	0.57	1.18	0.28	0.56	0.40	0.68	0.19	0.59
30	0.38	1.13	0.18	0.30	0.29	0.39	0.11	0.29
31	0.42	1.52	1.81	0.49	0.37	0.89	0.17	0.47
32	0.26	1.18	0.18	0.19	0.09	0.35	0.07	0.26
33	0.51	2.02	0.26	0.48	1.47	0.62	0.19	0.54
34	0.50	1.06	0.16	0.38	0.16	0.35	0.41	1.00
35	0.62	1.81	0.28	0.46	0.49	0.65	0.18	0.57
36	0.80	5.04	0.23	1.24	0.25	0.54	0.22	0.76

续表 9－1

样点编号	As	Cd	Cr	Cu	Hg	Ni	Pb	Zn
37	0.64	1.57	0.28	0.40	0.39	0.58	0.17	0.44
38	0.62	2.73	0.25	0.78	0.84	0.66	0.36	0.77
39	0.49	1.92	0.24	0.41	0.23	0.62	0.18	0.49
40	0.50	1.54	0.25	0.42	0.20	0.58	0.22	0.44
41	0.44	1.20	0.24	0.41	0.64	0.55	0.17	0.47
42	0.95	2.13	0.26	0.44	0.52	0.69	0.19	0.50
43	0.71	2.45	0.33	0.85	0.88	0.78	0.29	0.88
44	1.37	1.94	0.13	0.92	0.21	0.32	0.47	1.35
45	0.38	1.06	0.22	0.52	1.25	0.46	0.15	0.41
46	0.48	1.30	0.26	0.39	0.44	0.61	0.12	0.36
47	0.44	1.73	0.28	0.43	0.33	0.66	0.13	0.41
48	0.49	1.31	0.24	0.41	0.32	0.55	0.14	0.42
49	0.59	2.36	0.29	0.67	0.79	0.71	0.20	0.86
50	0.48	1.69	0.24	0.44	0.28	0.65	0.16	0.45
51	0.73	1.50	0.24	0.41	0.58	0.55	0.15	0.47
52	0.24	0.53	0.23	0.31	0.76	0.37	0.09	0.29
53	0.61	2.18	0.28	0.59	1.88	0.64	0.21	0.79
54	0.32	1.41	0.21	0.27	0.21	0.46	0.08	0.34
55	0.31	1.57	0.19	0.36	1.15	0.46	0.12	0.37
56	0.32	0.86	0.23	0.32	1.00	0.42	0.15	0.38
57	0.31	1.33	0.23	0.34	0.35	0.52	0.12	0.35
58	0.38	1.52	0.24	0.41	0.57	0.56	0.13	0.41
59	0.49	1.65	0.30	0.48	1.39	0.69	0.20	0.56
60	0.47	2.11	0.24	0.42	0.42	0.61	0.15	0.53
61	0.43	0.67	0.16	0.18	0.14	0.34	0.10	0.27
62	0.32	1.79	0.24	0.32	0.30	0.54	0.12	0.36
63	0.51	2.06	0.28	0.74	0.89	0.73	0.20	1.28
64	0.52	1.65	0.29	0.46	0.37	0.69	0.16	0.47
65	0.49	1.68	0.26	0.48	0.42	0.73	0.19	0.53

续表9-1

样点编号	As	Cd	Cr	Cu	Hg	Ni	Pb	Zn
66	0.52	1.96	0.24	0.44	0.23	0.61	0.15	0.48
67	0.38	1.19	0.20	0.32	0.84	0.45	0.11	0.34
68	2.50	19.64	0.35	0.82	0.63	0.73	0.43	1.25
69	0.41	2.45	0.29	0.55	1.69	0.77	0.17	0.51
70	0.41	1.91	0.19	0.62	0.59	0.49	0.17	1.62
71	0.51	1.91	0.27	0.60	9.64	0.62	0.33	0.62
72	0.42	1.66	0.24	0.37	0.70	0.60	0.14	0.40
73	0.51	2.06	0.26	0.48	0.30	0.70	0.17	0.46
74	0.46	1.25	0.21	0.36	0.26	0.49	0.16	0.42
75	0.32	1.47	0.23	0.29	0.26	0.46	0.09	0.31
76	0.46	1.83	0.26	0.45	1.47	0.68	0.16	0.49
77	0.30	1.44	0.21	0.35	0.40	0.48	0.11	0.38
78	0.35	1.56	0.29	0.41	0.40	0.64	0.15	0.48
79	0.49	1.32	0.25	0.41	0.97	0.56	0.15	0.41
80	0.66	2.03	0.27	0.57	1.58	0.70	0.19	0.49
81	0.19	1.24	0.16	0.20	0.12	0.39	0.08	0.25
82	0.25	1.48	0.21	0.33	0.19	0.46	0.11	0.32
83	0.47	1.93	0.28	0.48	1.01	0.77	0.17	0.48
84	0.40	1.17	0.23	0.36	1.85	0.47	0.14	0.39
85	0.36	1.49	0.26	0.38	2.47	0.60	0.17	0.47
86	0.39	1.21	0.25	0.39	1.10	0.59	0.14	0.41
87	0.33	0.43	0.23	0.31	0.53	0.44	0.11	0.31
88	0.38	0.57	0.28	0.37	0.69	0.59	0.13	0.40
89	0.35	2.06	0.29	0.53	0.85	0.79	0.18	0.51
90	0.35	1.26	0.21	0.34	0.52	0.50	0.13	0.44
91	0.55	1.80	0.30	0.56	0.51	0.80	0.18	0.51
92	0.27	0.87	0.21	0.32	0.53	0.44	0.12	0.31
93	0.53	1.18	0.26	0.44	0.94	0.61	0.17	0.50
94	0.56	2.10	0.30	0.49	0.33	0.86	0.18	0.53

续表 9 - 1

样点编号	As	Cd	Cr	Cu	Hg	Ni	Pb	Zn
95	0.52	1.96	0.24	0.52	2.03	0.63	0.22	0.52
96	0.32	1.21	0.21	0.32	0.39	0.48	0.11	0.31
97	0.34	0.92	0.21	0.34	0.69	0.47	0.13	0.37
98	0.49	2.03	0.29	0.54	0.31	0.78	0.16	0.49
99	0.28	0.12	0.10	0.12	0.06	0.21	0.06	0.12
100	0.48	1.63	0.23	0.34	1.36	0.58	0.12	0.36
101	0.38	2.10	0.25	0.35	0.25	0.60	0.11	0.39
102	0.65	1.69	0.30	0.46	0.23	0.75	0.16	0.44
103	0.52	1.97	0.28	0.48	0.44	0.73	0.15	0.48
104	0.38	1.72	0.24	0.40	0.23	0.65	0.13	0.39
105	0.40	1.42	0.24	0.40	0.52	0.56	0.14	0.39
106	0.49	1.90	0.31	0.50	0.42	0.84	0.17	0.49
107	0.55	1.97	0.29	0.85	1.56	0.64	0.18	0.57
108	0.69	0.62	0.20	0.73	7.47	0.32	0.44	0.47
109	0.50	1.43	0.20	0.36	1.13	0.50	0.15	0.40
110	0.47	1.82	0.27	0.48	0.55	0.67	0.12	0.48
111	0.75	1.18	0.15	0.24	0.25	0.35	0.14	0.38
112	0.44	1.24	0.30	0.65	0.97	0.80	0.20	0.59
113	1.44	13.20	0.33	0.76	0.53	0.86	0.34	0.97
114	0.67	1.50	0.30	0.56	0.44	0.77	0.18	0.54
115	0.55	2.25	0.21	0.25	0.16	0.47	0.10	0.33
116	0.49	1.78	0.29	0.54	0.36	0.70	0.17	0.54
117	2.08	1.15	0.17	0.47	0.40	0.35	0.28	0.48
118	1.92	50.27	0.35	0.98	0.65	0.92	1.31	7.61
119	0.44	2.24	0.32	0.73	0.34	0.73	0.24	0.85
120	0.50	2.42	0.27	0.56	0.65	0.72	0.18	0.67
121	0.38	1.76	0.20	0.31	1.22	0.48	0.19	0.43
122	0.68	3.17	0.24	0.43	0.28	0.58	0.16	0.51
123	0.66	1.98	0.26	0.51	0.59	0.61	0.22	0.55

续表 9 - 1

样点编号	As	Cd	Cr	Cu	Hg	Ni	Pb	Zn
124	0.63	1.88	0.26	0.51	2.28	0.64	0.21	0.48
125	0.68	1.20	0.21	1.14	9.49	0.44	1.19	1.02
126	0.33	0.94	0.26	0.52	0.66	0.57	0.16	0.50
127	0.47	1.85	0.29	0.75	0.75	0.71	0.16	0.65
128	0.34	0.55	0.28	0.53	2.57	0.58	0.20	0.42
129	0.47	2.04	0.26	0.50	2.12	0.62	0.18	0.55
130	0.45	1.82	0.27	0.42	0.69	0.66	0.13	0.44
131	0.49	1.89	0.30	0.54	0.44	0.86	0.15	0.55
132	0.34	2.97	0.23	0.44	0.31	0.60	0.10	0.42
133	0.43	1.75	0.28	0.53	1.83	0.69	0.21	0.69
134	0.70	3.43	0.34	0.68	0.61	0.84	0.17	0.60
135	0.63	2.01	0.35	0.78	0.35	1.04	0.14	0.56
136	0.45	1.58	0.25	0.49	1.19	0.65	0.14	0.45
137	0.43	1.81	0.29	0.51	0.99	0.71	0.18	0.51
138	0.46	1.84	0.29	0.53	1.40	0.77	0.15	0.49
139	0.43	1.95	0.27	0.49	0.62	0.69	0.13	0.65
140	0.44	1.70	0.28	0.54	1.07	0.76	0.15	0.61
141	0.59	1.87	0.32	0.69	0.70	0.89	0.17	0.62
142	0.42	1.70	0.26	0.44	0.66	0.66	0.11	0.43
143	0.48	0.84	0.25	0.46	1.51	0.57	0.16	0.46
144	0.43	1.63	0.25	0.41	0.36	0.65	0.11	0.40
145	0.47	1.83	0.27	0.52	2.15	0.60	0.17	0.55
146	0.54	1.97	0.32	1.00	0.48	0.84	0.16	0.57
147	0.63	1.86	0.34	0.63	0.36	0.89	0.13	0.50
148	0.49	1.95	0.32	0.56	0.48	0.84	0.23	0.49
149	0.57	2.03	0.34	0.66	0.59	0.90	0.15	0.55
150	0.41	2.12	0.30	0.44	0.43	0.78	0.14	0.52
151	0.44	1.76	0.27	0.44	0.45	0.70	0.11	0.41
152	0.44	1.66	0.29	0.50	0.30	0.78	0.12	0.44

续表 9 – 1

样点编号	As	Cd	Cr	Cu	Hg	Ni	Pb	Zn
153	0.51	1.52	0.32	0.53	0.22	0.74	0.14	0.46
154	0.40	1.74	0.30	0.58	0.59	0.85	0.14	0.51
155	0.42	2.21	0.27	0.51	0.56	0.81	0.12	0.50
156	0.43	2.21	0.26	0.36	0.32	0.70	0.12	0.42
157	0.42	1.38	0.28	0.43	0.26	0.65	0.10	0.37
158	0.56	1.55	0.30	0.53	0.84	0.76	0.14	0.44
159	0.51	1.60	0.30	0.53	0.76	0.78	0.14	0.46
160	0.44	1.60	0.28	0.46	0.49	0.69	0.12	0.48
161	0.50	1.97	0.31	0.53	0.55	0.82	0.14	0.49
162	0.38	1.98	0.25	0.47	0.32	0.64	0.12	0.53
163	0.54	1.67	0.31	0.52	1.98	0.72	0.15	0.50
164	0.43	1.87	0.21	0.36	0.82	0.57	0.11	0.45
165	0.40	2.35	0.23	0.30	0.22	0.60	0.09	0.44
166	0.39	1.92	0.25	0.43	0.27	0.65	0.11	0.40
167	0.37	0.58	0.23	0.36	0.30	0.49	0.10	0.32
168	0.42	2.40	0.26	0.45	0.28	0.75	0.12	0.45
169	0.46	1.40	0.29	0.56	0.32	0.71	0.12	0.47
170	0.50	2.24	0.34	0.49	0.33	0.75	0.13	0.50
171	0.51	1.80	0.31	0.50	0.22	0.86	0.13	0.47
172	0.44	2.42	0.29	0.58	0.25	0.77	0.13	0.54
173	0.59	2.33	0.33	0.63	0.31	0.93	0.15	0.58
174	0.50	1.97	0.31	0.65	0.29	0.88	0.15	0.58
175	0.58	1.84	0.34	0.57	0.24	0.82	0.11	0.45
176	0.53	1.88	0.33	0.60	0.28	0.85	0.13	0.49
177	0.42	1.61	0.23	0.97	0.24	0.60	0.10	0.38
178	0.47	0.53	0.25	0.37	0.97	0.48	0.14	0.35
179	0.47	0.50	0.29	0.46	0.58	0.69	0.18	0.44
180	0.43	0.83	0.26	0.47	0.62	0.61	0.13	0.40
181	0.43	1.97	0.28	0.54	0.63	0.75	0.14	0.51

续表 9 - 1

样点编号	As	Cd	Cr	Cu	Hg	Ni	Pb	Zn
182	0.59	2.13	0.34	0.69	2.30	0.96	0.21	0.53
183	0.52	1.51	0.30	0.56	0.03	0.76	0.13	0.46
184	0.44	0.61	0.29	0.44	0.48	0.63	0.16	0.43
185	0.47	2.00	0.30	0.45	0.58	0.72	0.13	0.52
186	0.34	1.32	0.24	0.31	0.19	0.55	0.08	0.33
187	0.39	1.59	0.27	0.40	0.31	0.68	0.11	0.41
188	0.52	1.62	0.28	0.55	0.27	0.74	0.11	0.49
189	0.41	1.59	0.30	0.45	0.27	0.74	0.11	0.45
190	0.45	1.70	0.28	0.52	0.31	0.72	0.13	0.53
191	0.46	1.75	0.29	0.47	0.23	0.75	0.12	0.44
192	0.41	1.83	0.28	0.46	0.55	0.68	0.12	0.45
193	0.44	1.32	0.25	0.57	0.78	0.57	0.17	0.45
194	0.55	2.05	0.32	0.76	0.83	1.14	0.16	0.55
195	0.38	1.64	0.25	0.51	0.32	0.62	0.12	0.43
196	0.21	0.46	0.20	0.23	0.19	0.34	0.06	0.26
197	0.44	1.33	0.25	0.40	0.35	0.60	0.11	0.43
198	0.46	1.56	0.29	0.47	0.23	0.76	0.12	0.44
199	0.39	1.46	0.28	0.41	0.19	0.64	0.10	0.42
200	0.52	2.07	0.34	0.71	0.22	1.00	0.14	0.54
201	0.42	2.08	0.30	0.55	0.41	0.84	0.13	0.52
202	0.45	1.85	0.32	0.58	0.23	0.92	0.14	0.52
203	0.48	1.41	0.31	0.52	0.30	0.74	0.12	0.46
204	0.52	1.92	0.31	0.66	0.41	0.92	0.17	0.63
205	0.48	1.61	0.31	0.57	0.21	0.83	0.14	0.49
206	0.47	1.98	0.32	0.58	0.25	0.89	0.14	0.55
207	0.42	1.89	0.31	0.52	0.32	0.77	0.13	0.47
208	0.28	1.22	0.23	0.34	0.36	0.55	0.10	0.36
209	0.52	1.97	0.31	0.64	0.26	0.87	0.15	0.56

三、土壤重金属评价结果

从评价结果（见表 9 - 2）中可以发现，大约 4.3% 的区域属于重度污染，1% 的区域属于中度污染，16.4% 的区域属于轻度污染。评价图（见图 9 - 1）表明，有高环境污染风险的区域主要位于研究区西部，环境污染风险低的区域主要位于研究区南部和北部。

表 9 - 2　土壤重金属的评价标准和评价结果

等级划分	$P_{综}$	污染等级	所占比例（%）
1	$P \leqslant 0.7$	安全	36.5
2	$0.7 < P \leqslant 1$	警戒级	41.8
3	$1 < P \leqslant 2$	轻污染	16.4
4	$2 < P \leqslant 3$	中污染	1
5	$P > 3$	重污染	4.3

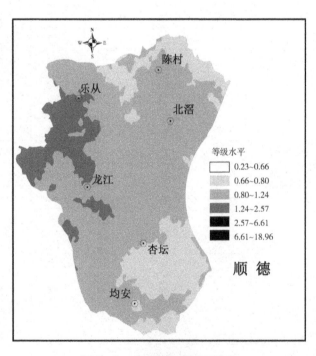

图 9 - 1　土壤重金属的评价图

　　评价结果与现实十分吻合：顺德区西部主要是乐从、龙江等镇，这些城镇工业发达，主要分布有印刷、家具制造、钢材深加工、洁具和汽车用品等龙头行业，其中有 20 多家陶瓷企业，此外，也分布有一些电镀厂、水洗企业、五金厂和机械厂；陈村和北滘位于北部，主要以轻污染产业为主，其机械装备制造业特别是陶瓷机械和锻压机械制造在广东乃至全国都有一定的影响力，陈村主要种植花卉，是国际性的花卉市场，北滘以房地产为主；南部主要是均安镇，该镇有均安生态乐园，规模较大，对环境有自净功能。因此，在不适合种植蔬菜的高环境污染风险的研究区，必须采取措施避免蔬菜地受重金属的潜在污染，保护当地居民的饮食安全。

第三节　珠江三角洲蔬菜重金属 Pb 的健康风险评价

　　人体通过摄入蔬菜摄取 Pb 的含量与摄入蔬菜的量以及蔬菜中 Pb 的含量有关，由于地区不同、家庭经济收入水平的差异性，导致人群有不同膳食结构，其摄入蔬菜的量也不同。从表 9-3 可看出，研究区城市及郊区居民经食用蔬菜途径日摄入 Pb 量均超过 PTDI 标准（60 μg/d）。本研究假设烹调不影响蔬菜中的铅含量，即蔬菜中的铅含量与人体摄入蔬菜铅的量相等。总体上，每标准人群日摄入深色蔬菜类的 Pb 含量（48.3 μg/d）比浅色蔬菜类的高(28.9 μg/d)；从不同地区来看，城市人群日摄入铅含量为 83.5 μg/d，农村为 72.9 μg/d；从不同家庭人均年经济收入水平来看，表现为每标准人均日摄入铅含量与家庭经济收入水平呈正相关关系。

表 9-3　2002 年广东省不同地区、家庭收入经济水平每标准人蔬菜 Pb 日摄入量

（单位：μg）

蔬菜类别	地区		家庭人均年经济收入			合计
	城市	农村	低	中	高	
深色蔬菜类	52.5	45.4	43.2	50.1	53.8	48.3
浅色蔬菜类	31.0	27.5	28.7	28.2	32.0	28.9
总计	83.5	72.9	71.9	78.3	85.8	77.2

　　研究发现，经蔬菜途径摄入 Pb 的 THQ 值不超过 0.4。如图 9-2 所示，研究区城市、农村地区的居民通过蔬菜途径摄入 Pb 的暴露接触的 THQ 值分别为 0.37、0.33，按照家庭经济收入的低、中、高排序，对应的 THQ 值分别为 0.32、0.35 和 0.38，总体表现为：$THQ_{高} > THQ_{城市} > THQ_{中} > THQ_{农村} > THQ_{低}$。大量研

究表明，经蔬菜暴露 Pb 的 THQ 值均小于 1。Ping 等人分析了大宝山矿区附近蔬菜和大米 Pb 的 THQ 值，发现 Pb 的 $THQ_{大米} > 1$，$THQ_{蔬菜} < 0.5$；秦文淑等人对广州市主要蔬菜市场的蔬菜重金属进行了健康风险评估，其中，经蔬菜途径摄入的 Pb 的 THQ 值为 0.447，这说明与其他暴露途径相比，经蔬菜途径摄入 Pb 对人群健康风险相对较低，但并不说明 Pb 的总摄入量对人群健康风险比较低。因此，有必要采取进一步研究，分析 Pb 的其他暴露途径对人群健康的影响。

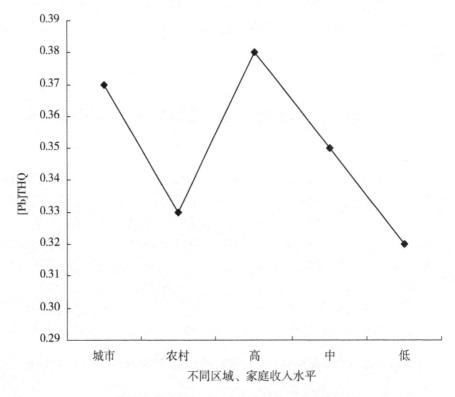

图 9-2　不同区域、家庭经济收入水平的 THQ

第四节　土壤重金属生态地球化学风险管理

高强度人类活动下区域土壤生态地球化学的风险管理是当今土壤科学、环境科学、环境地球化学和区域可持续发展研究的重要科学问题。国际上对土壤生态环境的风险管理体系正在不断发展和完善。20 世纪 80 年代末，世界经济合作与发展组织提出了压力—状态—响应框架（PSR）模型；1996 年，联合国在此基础上提出了驱动力—状态—响应框架（DSR）；2000 年，欧盟环境署在综合前两者优点的基础上，提出了驱动力—压力—状态—影响—响应体系（DPSIR）的区域土壤环境管理模型，用于预测经济社会发展过程中区域环境质量变化趋势。在土壤环境污染的风险管理方面，美国、英国、荷兰等一些发达国家已经开展了相当长时间的研究，奠定了方法学基础和积累了丰富经验。这些国家均先后开发了多个具有污染土壤风险评估功能的信息系统或系统模块，例如美国的 RAIS 系统、英国的 CLEA 模型和荷兰的 CSOIL 模型等，并基于这些风险评估模型制定了全国范围的土壤环境基准和污染土壤的修复决策支持系统。

珠江三角洲土壤生态地球化学重金属污染具有区域性、场地性、多源性、复合性和复杂性。当前及今后中短期以内珠江三角洲土壤重金属污染问题依然十分严重，由土壤污染引起的环境问题直接威胁着区域土壤生态、环境安全。因此，土壤环境风险管理需要提倡以防为主，预防、控制和修复相结合的原则，预防土壤污染，控制土壤污染扩散，修复受污染土壤。

笔者对珠江三角洲土壤污染风险管理提出以下几点建议：

（1）对于处于无污染或轻度污染的区域，建议采取预防策略。土壤生态地球化学重金属污染预防需要建立以法律法规、评价标准、管理政策和公众参与 4 个部分为支撑的体系。实行“清洁生产”、“全程控制”、“源头削减”等预防政策，建立和完善环境监管政策与税收政策，建立土壤环境质量例行和动态监控体系及其信息网络共享平台等。

（2）对于处于中度污染的区域，建议采取控制策略。通过物理、化学和生物学技术途径，降低土壤重金属污染物浓度，防止污染扩散或暴露，是一种有效的土壤污染控制策略。通过发展物化控制技术、生物学控制技术，利用功能性植物、微生物资源控制土壤污染，阻断重金属从土壤向地下和地表水体的迁移，削减暴露风险。同时，引导生活和工作于该区域的人们采取有效防御措施尽量减少对土壤污染物的暴露和对产于此区域的粮食和蔬菜的食用；鼓励农民在此区域种植非食用的经济作物，防止污染物通过食物链进入人体。

（3）对于处于重度污染的区域，建议采取修复策略。受污染的土壤，当其环境、生态和健康风险达到不可接受水平时，需要修复。土壤修复技术发展策略包括绿色与环境友好的生物修复、联合修复、原位修复、基于环境功能修复材料的修复、基于设备化的快速场地修复、土壤修复决策支持系统及修复后评估等技术，为解决农业土壤污染、工业搬迁场地土壤污染、矿区及周边土壤污染及土壤含水层污染等问题提供技术支撑。建立土壤修复技术规范、评价标准和管理政策，以推动土壤环境修复技术的市场化和产业化发展。此外，对居住于此区域的人群采取环境移民，禁止当地居民播种粮食作物。

第十章　顺德肝癌高发区人发重金属来源及其影响因子

　　癌症是一种复杂的多因素、多环节和多机制的疾病，已经成为国际主要的公共健康问题。大量研究发现，癌症高风险与血液中的重金属元素含量有联系。但是，作为生物监测材料的血液存在某些缺陷，如受人体新陈代谢的影响，只能反映短期体内的元素水平，而且含量低。人发作为生物监测材料之一，具有操作简单、方便，易于储存和运输，可有效评价长期暴露，能记录、反映出人体内部新陈代谢的状况等特点，可以从一个侧面反映人本身的健康水平，可为地方病、污染病临床诊断、环境评估提供有力的证据。

　　人发中的重金属元素按其来源可分为三类：内源性、外源性及内外源性。内源性元素是指头发在长出头皮以前所含的元素。外源性元素和头发可能有两种结合形式：一种形式是指含有重金属元素气溶胶和大颗粒物吸附在头发表面，另一种形式是重金属元素通过头发的最外层表皮扩散到头发结构内部。内外源性元素包括了内源性元素和外源性元素。只有头发中内源性的重金属元素含量能反映人体内该元素的负荷量。因此，能否清除头发中外源性元素是头发能否作为生物监测材料的关键。

　　为了鉴定人发的内源性元素，国内外学者致力于采用不同预处理方法对人发进行处理。Hu 等人通过采用同位素示踪技术评价常用的几种头发预处理方法对头发中 Pb、Cd、Cr 和 Hg 元素含量的影响，探讨发样预处理方法的适用条件。Morton 等人对人发外源性元素进行了不同方法的洗脱，测定了 Sb 、As、Cd、Cr、Pb、Hg 和 Se 在头发中的含量，发现人发中 Se 的含量对不同洗脱方法无响应。到目前为止，尚未建立一种对人发外源性元素进行有效预处理的方法。某些学者对人发元素采用多元统计方法从吸毒者和非吸毒者组成的人群中识别了吸毒者，但对癌症人发样和健康人发样中的重金属元素进行多元统计分析，有效解析其来源的研究还鲜见报道。本研究采用主成分分析方法解析人发重金属元素的来源，并用聚类分析方法验证主成分的结果。

第一节　人发样品采集及测度

一、样品采集

选择 34 位当地居民为研究对象。其中，从当地医院采集了 10 位癌症患者发样（3 位肝癌患者）和 24 位健康人发样。同时，对自愿者进行问卷调查，内容包括年龄、性别、职业及染发等信息。

二、主要仪器与试剂

主要仪器有电感耦合等离子体发射光谱仪（ICP – OES）和 ETHOSA T260 型微波消解仪。主要试剂有硝酸（优级纯）、30% 过氧化氢（分析纯）、标准发样（GBW – 07603），测试用水为超纯水。

三、测试方法

（一）样品制备

剪取枕后和发际人发约 10 cm 以内的人发 1.5～2.0 g，去除发样中可见杂质。人发样品经 1% 的洗涤剂浸泡，用蒸馏水冲洗干净，重复操作 2 次，再用二次去离子水冲洗 3 次，置于烘箱中于 60 ℃下烘干，用不锈钢剪刀剪成 0.5 cm 长的发样，放入塑料袋中保存。称取 0.5 cm 长的发样 0.1 g（准确至 0.0001 g），置于溶样罐的聚四氟乙烯内芯中，加硝酸 2.0 mL、过氧化氢 0.5 mL，盖好安全阀，放入微波消解系统中，将高压控制挡设为 1 挡，加热 30 s，保温 3 min，然后依次调至高压控制挡的 2 挡、3 挡，各加热 1 min、保温 3 min。取出溶样罐，冷却至室温后打开，将消解液转入 25 mL 容量瓶中并用 5.0% 硝酸溶液定容，摇匀，得样品溶液，同时做样品空白。

（二）样品测定

用 ICP – OES 测定人发样品中 Pb、Sr、Zn、Fe、Mg、Mn 和 Al 的含量。实验按照样品数 10% 比例插入标准发样（GBW – 07603）进行质控。用于质控的标准物质结果与参考值吻合较好，相对标准偏差小于 5%，表明测试结果准确可靠。

第二节　人发重金属含量特征

对比已有的国内外研究，根据表 10 - 1 人发中重金属元素的含量可以发现，样品人发中 Pb、Al 和 Fe 平均含量较健康人发金属含量高。Pb 是有临床意义的有毒元素，能影响 Fe 的吸收和利用，它的平均含量（26.47 ± 35.69）$\mu g/g$，是正常人群含量的十几到几十倍，100% 超过我国居民的头发 Pb 平均含量（7.14 ± 3.25）$\mu g/g$。美国非职业暴露成人人发中元素的研究认为正常人群的人发中 Pb 的含量小于 2.43 $\mu g/g$，可看出研究区人发中 Pb 含量已远远超过这一水平。Al 是可能必需微量元素，有提示临床意义，是酶激活剂，但它也是一种对人体有害的神经毒元素。它的平均含量（55.25 ± 14.77）$\mu g/g$，高于南京成人元素正常值（18.1 ± 11.0）$\mu g/g$ 和日本人头发元素正常值（12.8 ± 9.9）$\mu g/g$。Fe 是人体必需的微量元素，缺 Fe 会导致贫血。它的平均含量（40.43 ± 38.88）$\mu g/g$，高于南京、湖南及日本成人头发元素正常值（29.8 ± 17.8）$\mu g/g$、（20.3 ± 12.2）$\mu g/g$、（35 ± 33）$\mu g/g$。

表 10 -1　人发元素的含量

（单位：$\mu g/g$）

	样品数	范围	均值	中值	标准差
Pb	34	$15 \sim 170$	26.47	15.00	35.69
Sr	34	$0.75 \sim 4.00$	1.51	1.25	0.89
Zn	34	$81.00 \sim 437.50$	187.74	178.38	66.85
Fe	34	$13 \sim 213$	40.43	27.12	38.88
Mg	34	$16 \sim 96$	37.41	31.84	17.18
Mn	34	$0.75 \sim 51.50$	3.45	0.75	9.13
Al	34	$50 \sim 100$	55.25	50.00	14.77

样品人发中 Mg 和 Mn 的平均含量高于一些地区的成人元素正常值，又低于另一些地区成人元素正常值。Mg 是人体必需的常量元素，有临床意义，是许多酶系统的组成或辅助因子，参与糖、脂肪和蛋白质的代谢。它的平均含量（37.41 ± 17.18）$\mu g/g$ 高于南京成人元素正常值（70.9 ± 44.2）$\mu g/g$，低于日本人头发元素正常值（127 ± 136）$\mu g/g$。Mn 是必需的微量元素，具有提示临床意义，锰蛋白外

源凝集素具类似抗体活性，能抑制肿瘤生长。它的平均含量（3.45 ±9.13）μg/g 高于南京成人元素正常值（1.67 ±1.44）μg/g 和日本人头发元素正常值（1.10 ±3.80）μg/g，低于湖南成人元素正常值（4.41 ±2.35）μg/g。

Zn 是有临床意义的必需元素，是多种酶的组成成分，Zn 缺乏可降低机体免疫能力。健康人群人发 Zn 含量平均值范围是 93.6 ～ 209 μg/g。本研究的样品人发 Zn 含量平均值在此范围，但是有 23.5% 的人发 Zn 含量高于 210 μg/g，居民健康存在一定的暴露风险。

Sr 可能在结蒂组织中起钙化作用，能增强抗致癌能力。头发 Sr 含量降低与某些疾病的发生、发展有关。一般患者头发 Sr 含量比对照组低。本研究的样品人发 Sr 含量平均值为（1.51 ±0.89）μg/g，低于南京成人头发元素正常值（2.58 ±1.79）μg/g、湖南成人头发元素正常值（3.64 ±1.16）μg/g。然而，由于人发的预处理和分析方法不同，故在比较不同研究结果时须谨慎。

第三节　人发重金属的来源及其影响因子

一、人发重金属的来源解析

（一）相关性分析

通过相关性分析可以决定元素间的相互作用，也可以鉴定它们的来源。对 Box – Cox 转换之后的人发元素进行 Pearson 相关性分析可以发现：Mg、Sr、Pb 之间均呈显著正相关关系，Pb—Sr、Mg—Pb 和 Mg—Sr 的相关系数分别为 0.46、0.48、0.55。此外，Fe—Zn 也呈显著正相关关系，相关系数为 0.48（见表 10 - 2）。元素间的显著正相关关系不仅表明它们在人发中具有相互的协同作用，也能鉴定它们的相同来源。

表 10 –2　人发元素的 Pearson 相关矩阵

	Pb	Sr	Zn	Fe	Mg	Mn	Al
Pb	1	0.46 **	0.14	– 0.09	0.48 **	0.24	– 0.03
Sr		1	– 0.30	– 0.00	0.55 **	0.25	0.03
Zn			1	0.48 **	0.08	– 0.23	0.10
Fe				1	0.20	0.14	0.27

续表 10-2

	Pb	Sr	Zn	Fe	Mg	Mn	Al
Mg					1	0.20	0.05
Mn						1	0.17
Al							1

注:"＊＊"表示在 0.01 水平上显著相关(双尾检验)。

(二)主成分分析

为减少变量的高维度及更好理解人发重金属元素间的关系,需对 Box - Cox 转换后的数据进行主成分分析。主成分分析提取的三个主成分可解释总方差的 70.96%。第一主成分解释了总方差的 30.77%,Pb、Sr 和 Mg 表现出较高的正载荷,属于外源性元素,这与前面相关性分析的结果是一致的。这些元素通过大气沉降,被吸附或吸收在人发表面。有研究表明,Pb 沿着头发的长度分布着相同的含量;Kempson 等人也发现 Pb 可以非颗粒物的形式分布在精炼工的头发表面,然后可以即刻由最外层表皮扩散到头发的内部结构。吸附在头发表面的含有 Mg 的大颗粒物主要来源于土壤。Mg、Sr 属于碱土金属,它们有相似的化学性质,这种相似性有助于解释其在人发中有相似趋势的现象。研究区湿热的天气会使人体分泌大量的汗液,导致吸附在头发的外源性元素溶解,这更容易使溶解的外源性元素浸入头发的内部结构。第二主成分解释了总方差的 23.69%,Zn、Fe 表现出较高的正载荷,属于内源性元素,可以用作生物监测。前人研究发现,外源性污染对人发 Zn 的含量无显著影响,因此人发 Zn 含量可以反映其内源性暴露途径。人发的 Zn、Fe 主要来源于富含 Zn、Fe 的食物,比如牛肉、羊肉、猪肝等动物肝脏、鸡蛋、鱿鱼、黄鱼、青鱼及贝类核桃、木耳、锌制剂等。在第三主成分上,Al、Mn 表现出较高的正载荷,解释了总方差的 16.5%,Al、Mn 可能既是外源性元素又是内源性元素。人体内的 Al 主要来源于食物性铝、炊具溶出铝、环境铝和药源性铝。外源性 Al 主要来源于吸附在头发表面的气溶胶和大颗粒物。国内外学者对不同来源的大气颗粒污染物做了大量研究,发现大气降尘污染物中的 Al 主要来源于土壤和燃煤。内源性 Al 主要来源于食物性铝,天然食物中,茶叶含铝最高。茶叶作为广东省消费量最大的传统饮料,导致当地人群高风险地暴露于食物性铝。人发中 Mn 的双源性:一方面,Mn 被广泛地用于汽油、钢铁制品的添加剂;另一方面,由于 Mn 具有抗癌作用,抗癌药物中含 Mn 元素。

为了进一步可视化主成分之间的关系,这里对主成分的负载进行二维成图(见图 10-1)。从第一主成分和第二主成分组成的负载图中可以发现:Mg、Pb 和

Sr 分布在第一象限和第四象限，而 Mn 分布在第四象限，与 Mg、Pb 和 Sr 相隔很近；Zn、Fe 分布在第一象限和第二象限，而 Al 分布在第二象限，与 Zn 和 Fe 相隔较近。这表明 Mn 的主要来源可能与第一主成分的来源相似，Al 的主要来源可能与第二主成分的来源相似。在第一主成分和第三主成分构成的负载图上也可发现相似的现象。

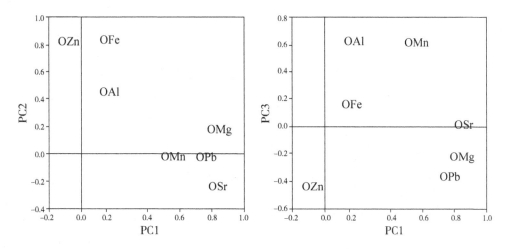

图 10 - 1　人发元素主成份的负载图

（三）聚类分析

聚类分析能区分不同人发重金属元素组是内源性元素还是外源性元素。本研究对 7 种元素进行聚类分析，结果用系统树状图表示（见图 10 - 2）。聚类分析树状图将元素划分为 2 组：Sr、Mg、Pb；Fe、Zn、Mn、Al。划分结果与主成分分析结果一致。组 I 由第一主成分中的元素组成。这些元素属于外源性元素，它们主要受工业废气或交通废气的排放等影响。组 II 由第二、第三主成分中的元素组成，这些元素主要属于内源性元素，主要受食物摄入或空气吸入的影响。

二、健康、年龄和性别的影响

本研究对人发按癌症患者和健康人分组，对其含量进行统计（见表 10 - 3）。从表 10 - 3 中可看出：Sr 在对照组和病例组中无多大差别，Pb 在对照组的平均含量高于病例组，Zn、Fe、Mg、Mn、Al 在对照组的平均含量均低于病例组，但经 T 检验均无显著性差异。病例人发 Fe、Mn 含量高于对照组，其原因可能归结于药物输入的影响。不同研究者也发现相同的现象，对照组人发中的 Pb 含量高于

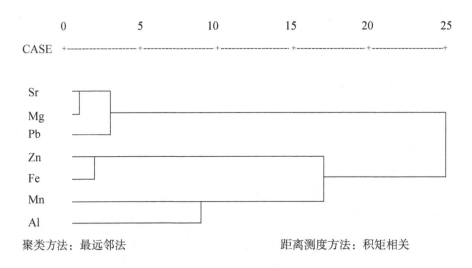

聚类方法：最远邻法　　　　　　　　距离测度方法：积矩相关

图 10-2　人发元素的聚类分析树状图

病例组，而 Zn 含量低于病例组。李增禧等在相同研究区测定了肝癌患者和健康人头发 Pb 和 Zn 元素含量，得出了相同的结论。病例组中 Mg、Al 含量高于对照组，但是无显著性差异，不同学者对于 Mg、Al 的分析得出不同的结果：李凡等对肝癌、肺癌患者的头发进行分析发现，Al 在病例对照中无显著差异；但是，徐刚等对吉林省肝癌患者血清与头发中多种元素的临床流行病学进行研究发现，人发 Al、Mg 在对照组中含量显著高于病例组；叶如美等也发现镁在健康人与肝癌患者头发中的含量差异显著。

表 10-3　病例—对照人发元素的含量

（单位：μg/g）

元素	分组	样品数	均值	标准差	P
Pb	对照	24	30.42	42.04	0.33
	病例	10	17.00	3.69	
Sr	对照	24	1.46	0.78	0.63
	病例	10	1.62	1.138	
Zn	对照	24	176.25	42.17	0.27
	病例	10	215.33	203.17	
Fe	对照	24	34.45	22.78	0.34
	病例	10	54.78	62.39	

续表 10 - 3

元素	分组	样品数	均值	标准差	P
Mg	对照	24	35.18	17.29	0.25
	病例	10	42.76	16.53	
Mn	对照	24	3.05	10.34	0.70
	病例	10	4.40	5.58	
Al	对照	24	53.12	11.211	0.32
	病例	10	60.35	20.927	

笔者以 30 岁为界线，统计了 2 个不同年龄组居民人发元素含量差别（见表 10 -4）。分析表明，30 岁以上（包括 30 岁）年龄组的人发中元素 Pb、Sr、Fe、Mg、Al 的平均含量高于 30 岁以下年龄组；人发中 Zn、Mn 元素在 30 岁以上年龄组的平均含量低于 30 岁以下的年龄组。除 Al 之外，各元素经 T 检验在年龄差异上均不显著，说明人发 Al 含量水平通过常年摄入食物性铝而升高。

表 10 -4　不同年龄、性别人发元素含量

（单位：μg/g）

元素	年龄	样品数	均值	标准差	p	性别	样品数	均值	标准差	P
Pb	<30 岁	10	19.75	10.17	0.49	男	24	30.21	42.11	0.35
	>30 岁	24	29.27	41.95		女	10	17.50	3.54	
Sr	<30 岁	10	1.30	0.44	0.25	男	24	1.49	0.78	0.86
	>30 岁	24	1.59	1.01		女	10	1.55	1.15	
Zn	<30 岁	10	192.32	45.62	0.80	男	24	186.34	49.52	0.85
	>30 岁	24	185.84	74.73		女	10	191.11	100.50	
Fe	<30 岁	10	28.50	15.15	0.25	男	24	38.86	39.74	0.72
	>30 岁	24	45.40	44.63		女	10	44.19	38.52	
Mg	<30 岁	10	30.88	8.94	0.16	男	24	38.13	14.19	0.71
	>30 岁	24	40.13	19.13		女	10	35.69	23.73	
Mn	<30 岁	10	6.10	15.98	0.48	男	24	4.51	10.75	0.30
	>30 岁	24	2.34	3.92		女	10	0.90	0.32	
Al	<30 岁	10	50.00	0.00	0.04	男	24	55.21	14.71	0.98
	>30 岁	24	57.44	17.21		女	10	55.35	15.73	

　　不同性别的人发元素含量分析表明，Sr、Zn、Mg 和 Al 无大的差别，Pb 和 Mn 表现为男性较高于女性，Fe 表现为男性低于女性。不同性别的人发元素含量经 T 检验均无显著差异，说明人发对元素的积累与性别无关。

附录

表1　土壤环境质量标准值

（单位：mg/kg）

级别 项目　　土壤pH值	一级 自然背景	二级			三级 >6.5
		<6.5	6.5～7.5	>7.5	
镉（≤）	0.20	0.30	0.30	0.60	1.0
汞（≤）	0.15	0.30	0.50	1.0	1.5
砷（水田）（≤）	15	30	25	20	30
砷（旱地）（≤）	15	40	30	25	40
铜（农田等）（≤）	35	50	100	100	400
铜（果园）（≤）	－	150	200	200	400
铅（≤）	35	250	300	350	500
铬（水田）（≤）	90	250	300	350	400
铬（旱地）（≤）	90	150	200	250	300
锌（≤）	100	200	250	300	500
镍（≤）	40	40	50	60	200
六六六（≤）	0.05	0.50			1.0
滴滴涕（≤）	0.05	0.50			1.0

注：①重金属（铬主要是三价）和砷均按元素量计，适用于阳离子交换量大于5cmol（＋）/kg的土壤，若小于或等于5cmol（＋）/kg，其标准值为表内数值的半数。

②六六六为四种异构体总量，滴滴涕为四种衍生物总量。

③水旱轮作地的土壤环境质量标准，砷采用水田值，铬采用旱地值。

表2　地表水环境质量标准基本项目标准限值

（单位：mg/L）

序号	项目	Ⅰ类	Ⅱ类	Ⅲ类	Ⅳ类	Ⅴ类
1	水温（℃）	人为造成的环境水温变化应限制在： 周平均最大温升≤1 周平均最大温降≤2				
2	PH值（无量纲）	6～9				
3	溶解氧（≥）	饱和率90% （或7.5）	6	5	3	2

续表 2

序号	项目	I 类	II 类	III 类	IV 类	V 类
4	高锰酸盐指数(≤)	2	4	6	10	15
5	化学需氧量(COD)(≤)	15	15	20	30	40
6	五日生化需氧量(BOD_5)(≤)	3	3	4	6	10
7	氨氮(NH_3-N)(≤)	0.15	0.5	1.0	1.5	2.0
8	总磷(以 P 计)(≤)	0.02(湖、库 0.01)	0.1(湖、库 0.025)	0.2(湖、库 0.05)	0.3(湖、库 0.1)	0.4(湖、库 0.2)
9	总氮(湖、库,以 N 计)(≤)	0.2	0.5	1.0	1.5	2.0
10	铜(≤)	0.01	1.0	1.0	1.0	1.0
11	锌(≤)	0.05	1.0	1.0	2.0	2.0
12	氟化物(以 F^- 计)(≤)	1.0	1.0	1.0	1.5	1.5
13	硒(≤)	0.01	0.01	0.01	0.02	0.02
14	砷(≤)	0.05	0.05	0.05	0.1	0.1
15	汞(≤)	0.00005	0.00005	0.0001	0.001	0.001
16	镉(≤)	0.001	0.005	0.005	0.005	0.01
17	铬(六价)(≤)	0.01	0.05	0.05	0.05	0.1
18	铅(≤)	0.01	0.01	0.05	0.05	0.1
19	氰化物(≤)	0.005	0.05	0.2	0.2	0.2
20	挥发酚(≤)	0.002	0.002	0.005	0.01	0.1
21	石油类(≤)	0.05	0.05	0.05	0.5	1.0
22	阴离子表面活性剂(≤)	0.2	0.2	0.2	0.3	0.3
23	硫化物(≤)	0.05	0.1	0.2	0.5	1.0
24	粪大肠菌群(个/升)(≤)	200	2000	10000	20000	40000

表 3　集中式生活饮用水地表水源地补充项目标准限值

(单位:mg/L)

序号	项目	标准值
1	硫酸盐 (以 SO_4^{2-} 计)	250
2	氯化物 (以 CL^- 计)	250
3	硝酸盐 (以 N 计)	10
4	铁	0.3
5	锰	0.1

表 4　我国无公害蔬菜上的卫生指标规定

项　目	最高残留限量（mg/kg）（≤）
1. 汞	0.01
2. 氟	1.00
3. 砷	0.50
4. 铅	0.20
5. 镉	0.05
略	

表 5　环境空气污染物其他项目浓度限值

序号	污染物项目	平均时间	浓度限值 一级	浓度限值 二级	单位
1	总悬浮颗粒物（TSP）	年平均	80	200	$\mu g/m^3$
		24 小时平均	120	300	
2	氮氧化物（NO_x）	年平均	50	50	
		24 小时平均	100	100	
		1 小时平均	250	250	
3	铅（Pb）	年平均	0.5	0.5	
		季平均	1	1	
4	苯并 [a] 芘（BaP）	年平均	0.001	0.001	
		24 小时平均	0.0025	0.0025	

参考文献

[1] Adams M L, Zhao F J, Mcgrath S P, et al. Predicting cadmium concentrations in wheat and barley grain using soil properties[J]. Journal of Environmental Quality, 2004, 33: 532 – 541.

[2] Anselin L. Local indicators of spatial association-LISA[J]. Geogr Anal, 1995, 27: 93 – 115.

[3] ASTDR. Hair analysis panel discussion: Exploring the state of the science [R]. Summary Report, 2001.

[4] Bass D A, Hickok D, Quig D, et al. Trace element analysis in hair: Factors determining accuracy, precision and reliability[J]. Alternative Medicine Review, 2001, 6 (5): 472 – 481.

[5] Bellinger D, Leviton A, Sloman J. Antecedents and correlates of improved cognitive performance in children exposed in utero to low levels of lead[J]. Environmental Health Perspective, 1990, 89: 5 – 11.

[6] Boroujerdi M. Bioavailability and bioequivalence evaluation [M] // Pharmacokinetics: Principles and Applications. New York: McGraw-Hill, 2002b.

[7] Boroujerdi M. Groundwork[M] // Pharmacokinetics: Principles and Applications. New York: McGraw-Hill, 2002a.

[8] Brahushi F, Ulrike D E, Schroll R. Stimulation of reductive dechlorination of hexachlorobenzene in soil by inducing the native microbial activity[J]. Chemosphere, 2004, 55 (11): 1477 – 1484.

[9] Brian E, Davies C B, Theo C, et al. Medial Geology: perspective and prospects[M] // Selinus O, et al. Essentials of medical geology. Oxford, UK: Elsevier, 2005.

[10] Brody S D, Highfield W E, Thornton S. Planning at the urban fringe: An examination of the factors influencing nonconforming development patterns in southern Florida [J]. Plann Des, 2006, 33: 75 – 96.

[11] Cambardella C A, Moorman T B, Novak J M, et al. Field-scale variability of soil properties in central Iowa soils[J]. Soil Sci Soc Am J, 1994, 58 (5): 1501 – 1511.

[12] Chen H M. Environmental Pedology[M]. Beijing: Science Press, 2005.

[13] Chen T B, Wong J W C, Zhou H Y, et al. Assessment of trace metal distribution and contamination in surface soils of Hong Kong[J]. Environmen-

tal Pollution, 1997, 96 (1): 61 – 68.

[14] Chen T, Liu X, Li X, et al. Heavy metal sources identification and sampling uncertainty analysis in a field-scale vegetable soil of Hangzhou, China [J]. Environmental Pollution, 2009, 157 (3): 1003 – 1010.

[15] Chen T, Liu X, Zhu M Z, et al. Identification of trace element sources and associated risk assessment in vegetable soils of the urban-rural transitional area of Hangzhou, China[J]. Environmental Pollution, 2008, 151 (1): 67 – 78.

[16] China National Environmental Monitoring Centre. Background value of soil elements in China[M]. Beijing: China Environmental Science Press, 1990.

[17] Chojnacka K, Chojnacki A, Gorecka H, et al. Bioavailability of heavy metals from polluted soils to plants[J]. Science of The Total Environment, 2005, 337: 175 – 182.

[18] Chojnacka K, Gorecka H, Chojnacki A, et al. Inter-element interactions in human hair[J]. Environmental Toxicology and Pharmacology, 2005, 20 (2): 368 – 374.

[19] Cui Y L, Zhu Y G, Zhai R H, et al. Transfer of metals from soil to vegetables in an area near a smelter in Nanning, China[J]. Environment International, 2004, 30: 785 – 791.

[20] Cui Y, Zhu Y G, Zhai R, et al. Exposure to metal mixtures and human health impacts in a contaminated area in Nanning, China[J]. Environment International, 2005, 31 (6): 784 – 790.

[21] David R, Taylor M A, Tompkins S E, et al. Analysis of fly ash produced from combustion of refuse-derived fuel and coal mixtures[J]. Environ Sci Technol, 1982, 16 (3): 148 – 154.

[22] Davis S, Waller P, Buschom R, et al. Quantitative estimates of soil ingestion in normal children between the ages of 2 and 7 years: population-based estimates using Al, Si and Ti as soil tracer elements[J]. Arch Environ Health, 1990, 45: 112 – 122.

[23] Dou L, Zhou Y Z, Ma J, et al. Using multivariate statistical and geostatistical methods to identify spatial variability of trace elements in agricultural soils in Dongguan city, Guangdong, China[J]. Journal of China University of Geosciences, 2008, 19 (4): 343 – 353.

[24] Dudka S, Piotrowska M, Terelak H. Transfer of cadmium, lead, and zinc

from industrially contaminated soil to crop plants: A field study[J]. Environmental Pollution, 1996, 94: 181 – 188.

[25] Fattman C L, Chu C T, Oury T D. Experimental models of asbestos-related diseases [M] //Roggli V L, et al. Pathology of asbestos-associated diseases. New York: Springer, 2004.

[26] Feron V J, Groten J P. Toxicological evaluation of chemical mixtures [J]. Food and Chemical Toxicology, 2002, 40: 825 – 839.

[27] Focazio M J, Welch A H, Watkins S A, et al. A retrospective analysis on the occurrence of arsenic in ground-water resources of the United States and limitations in drinking-water-supply characterizations [R]. US Geological Survey Water-Resources Investigation Report 99 – 4279: 21, 1999.

[28] Forstner U, Muller G. Concerntrations of heavy metals and polycyclic aromatic hycarbons in river sediments: geochemical background, man's influence and environmental impact[J]. Geojournal, 1981, 5: 417 – 432.

[29] Gallego J L R, Ordonez A, Loredo J. Investigation of trace element sources from an industrialized area (Aviles, northern Spain) using multivariate statistical methods[J]. Environment International, 2002, 27 (7): 589 – 596.

[30] Getis A, Ord J K. Local spatial statistics: An overview[A]// Longley P, Batty M. Spatial Analysis: Modelling in a GIS environment[C]. GeoInformation International, 1996, 261 – 277.

[31] Goovaerts P, Jacquez G M. Accounting for regional background and population size in the detection of spatial clusters and outliers using geostatistical filtering and spatial neutral models: the case of lung cancer in Long Island, New York [J]. Int J Health Geogr, 2004, 3: 14.

[32] Goovaerts P. Geostatistics for natural resources evaluation[M]. New York, USA: Oxford University Press, 1997.

[33] Gulson B L, Pisaniello D, McMichael A J, et al. Stable lead isotope profiles in smelter and general urban communities: A comparison of environmental and blood measures[J]. Environ. Geochem. Health, 1996, 18: 147 – 163.

[34] Hakanson L. An ecological risk index for aquatic pollution control: A sedimentological approach[J]. Water Research, 1980, 14 (8): 975 – 1001.

[35] Hamel S L C. The estimation of bioaccessibility of heavy metals in soils using artificial biofluids [D]. New Brunswick: Graduate School of Public

Health, Rutgers and University of Medicine and Dentistry of New Jersey, 1998.

[36] Hamilton S J, Buhl K J. Hazard evaluation of inorganics, singly and in mixtures, to flannelmouth sucker Catostormus latipinnis in the San Juan river, New Mexico [J]. Ecotoxicol Environ Safe, 1997, 38 (3): 296 – 308.

[37] Johnson N F, Mossman B T. Dose, dimension, durability, and biopersistence of chrysotile asbestos [M] // Nolan R P, et als. The health effects of chrysotile asbestos: Contribution of science to risk-management decisions. Martin: The Canadian Mineralogist Special Publication, 2001.

[38] Jurinski J B, Rimstidt J D. Biodurability of talc Am [J]. Mineral, 2001, 86: 392 – 399.

[39] Kaiser J. Toxicologists shed new light on old poisons[J]. Science, 1998, 279: 1850 – 1851.

[40] Kempson I M, Skinner W M, Kirkbride K P. The occurrence and incorporation of copper and zinc in hair and their potential role as Bioindicators: A review[J]. J Toxicol Env Heal B, 2007, 10 (8): 611 – 622.

[41] Kim S Y, Kim J W, Ko Y S, et al. Changes in lipid per oxidation and antioxidant trace elements in serum of women with cervical intraepithelial Neoplasia and Invasive cancer[J]. Nutr Cancer, 2003, 47: 126 – 130.

[42] Krauskopf K B. Introduction to Geochemistry[M]. New York: McGraw-Hill, 1979.

[43] Krauss M, Wilfgang W, Kobza J, et al. Predicting heavy metal transfer from soil to plant: potential use of Freundlich-type functions[J]. Journal of Plant Nutrition and Soil Science, 2002, 165: 3 – 8.

[44] Kurz H, Schulz R, Romheld V. Selection of cultivars to the concentration of cadmium and thallium in food and folder plants[J]. Journal of Plant Nutrition and Soil Science, 1999, 162: 323 – 328.

[45] Lai Q H, Du H Y, Zhang Z J, et al. Formation of soil Hg-high area in the Pearl River Delta, China[J]. Environmental Chemistry, 2005, 24 (2): 219 – 220.

[46] Le N D, Zidek J V. Interpolation with uncertain spatial covariances: A Bayesian alternative to Kriging [M]. Journal of Multivariate Analysis, 1992, 43: 351 – 374.

[47] Levine N. CrimeStat III: A spatial statistics program for the analysis of

crime incident locations[R]. Ned Levine & Associates, Houston, TX and the National Institute of Justice, 2004.

[48] Li D R, Liu Z H, Zhang Z Q, et al. Studies on quality of drinking water and cause of liver cancer in A High-incidence area[J]. Chinese Journal of Preventive Medicine, 1994, 28 (1): 24 - 26.

[49] Li J, Xie Z M, Xu J M, et al. Evaluation on environmental quality of heavy metals in vegetable plantation soils in the suburb of Hangzhou [J]. Ecology& Environment, 2003, 12 (3): 277 - 280.

[50] Li T J. Soil Environmentalology——soil pollution prevention and control, soil ecological protection[M]. Beijing: High Education Press, 1995.

[51] Li Z X, Liang Y C, Sheng S Y. Study on environmental carcinogen in high liver cancer incidence area of Shunde district[J]. Journal of Environment and Health, 1986, 3 (1): 15 - 17.

[52] Lioy P J. Assessing total human exposure to contaminants [J]. Environ. Sci. Technol, 1990, 24: 938 - 945.

[53] Manta D S, Angelone M, Bellanca A, et al. Heavy metals in urban soils: A case study from the city of Palermo (Sicily), Italy[J]. Science of the Total Environment, 2002. 300 (1 - 3): 229 - 243.

[54] Markus J, McBratney A B. A review of the contamination of soil with lead (II): Spatial distribution and risk assessment of Soil lead[J]. Environment International, 2001, 27: 399 - 411.

[55] McGrath D, Zhang C S. Spatial distribution of soil organic carbon concentrations in grassland of Ireland [J]. Appl Geochem, 2003, 18 (10): 1629 - 1639.

[56] McLaughlin C C, Boscoe F P. Effects of randomization methods on statistical inference in disease cluster detection [J]. Health Place, 2007, 13 (1): 152 - 163.

[57] Mclaughlin M J, Zarcinas B A, Stevens D P, et al. Soil testing for heavy metals[J]. Commununications in Soil Science and Plant Analysis, 2000, 31: 1661 - 1700.

[58] Medinsky M A, Valentine J L. Toxicokinetics [M] // Klaasen C D, eds. Toxicology: The Basic Science of Poisons. New York: McGraw-Hill, 2001.

[59] Memon A R, Kazi T G, Afridi H I, et al. Evaluation of zinc status in

whole blood and scalp hair of female cancer patients[J]. Clinica Chimica Acta, 2007, 379 (1 −2): 66 −70.

[60] Mico C, Recatal L, Peris M, et al. Assessing heavy metal sources in agricultural soils of an European Mediterranean area by multivariate analysis [J]. Chemosphere, 2006, 65 (5): 863 −872.

[61] Monna F, Galop D, Carozza L, et al. Environmental impact of early Basque mining and smelting recorded in a high ash minerogenic peat deposit [J]. Science of the Total Environment, 2004, 327: 197 −214.

[62] Moreau C J, Klerks P L, Haas C N. Interaction between phenanthrene and zinc in their toxicity to the sheepshead minnow (Cyprinodon variegaus) [J]. Environ Contam Toxicol, 1999, 37 (2): 251 −257.

[63] Morton J, Carolan V A, Gardiner P H E. Removal of exogenously bound elements from human hair by various washing procedures and determination by inductively coupled plasma mass spectrometry[J]. Analytica Chimica Acta, 2002, 455 (1): 23 −34.

[64] Mukherjee A B, Zevenhoven R. Mercury in coal ash and its fate in the Indian subcontinent: A synoptic review[J]. Science of the Total Environment, 2006, 368: 384 −392.

[65] Nasreddine L, Parent-Massin D. Food contamination by metals and pesticides in the European Union. Should we worry? [J]. Toxicology Letters, 2002, 127: 29 −41.

[66] Nguyen V D, Merks A G A, Valenta P. Atmospheric deposition of acid, heavy metals, dissolved organic carbon and nutrients in the Dutch Delta area in 1980—1986[J]. Science of the Total Environment, 1990, 99: 77 −91.

[67] Nicholson F A, Smithb S R, Alloway B J, et al. An inventory of heavy metals inputs to agricultural soils in England and Wales [J]. The Science of the Total Environment, 2003, 311 (1/3): 205 −219.

[68] Nieboer E, Nriagu J Q. Nickel and human health: current perspectives [M]. New York: A Wiley-Interscience Publication, 1992.

[69] Nriagu J O, Nieboer E. Chromium in the Natural and Human Environments [M] // John Wiley and Sons, Advances in Environmental Science and Technology. New York, 1998.

[70] Oomen A G, Hack A, Minekus M, et al. Comparison of five in vitro digestion models to study the bioaccessibility of soil contaminants [J]. Envi-

ron. Sci. Technol, 2002, 36: 3326 – 3334.

[71] Pilar B B, Antonio M P, Adela B B, et al. Application of multivariate methods to scalp hair metal data to distinguish between drug-free subjects and drug abusers[J]. Analytica Chimica Acta, 2002, 455: 253 – 265.

[72] Pitot H C, Dragan Y P. Chemical carcinogenesis [M] // Klaasen C D, eds. Toxicology: The Basic Science of Poisons. New York: McGraw-Hill, 2001.

[73] Plumlee G S, Ziegler T L. The medical geochemistry of dusts, soils, and other earth materials [M] // Andrew M, Davis H D, Holland K, et al. Treatise on Geochemistry. Denver, CO, USA: Elsevier Pergamon, 2006.

[74] Pohl H R, McClure P R, Fay M. Public health assessment of hexachloro-benzene[J]. Chemosphere, 2001, 43: 903 – 908.

[75] Raghunath R, Tripathi R M, Kumar A V, et al. Assessment of Pb, Cd, Cu, and Zn Exposures of 6 – 10Year – Old Children in Mumbai[J]. Environmental Research, 1999, 80 (3): 215 – 221.

[76] Ralph W S, K J R, Richard N B, et al. Relationship between soil lead and airborne lead concentrations at Springfield, Missouri, USA. [J]. The Science of the Total Environment, 2001, 271: 79 – 85.

[77] Rodushkin I, Axelsson M D. Application of double focusing sector field ICP-MS for multielemental characterization of human hair and nails. PartI-II. Direct analysisi by laser ablation[J]. Science of the Total Environment, 2003, 305: 23 – 39.

[78] Ruby M V, Schoof R, Brattin W, et al. Advances in evaluting the oral bioavailability of inorganics in soil for use in human risk assessment [J]. Environmental Science and Technology, 1999, 33 (21): 3697 – 3705.

[79] Schoof R, Butcher M K, Sellstone C, et al. An assessment of lead absorption from soil affected by smelter emissions [J]. Environ. Geochem. Health, 1995, 17: 189 – 199.

[80] Sharma S S, Schat H, Voous R. Combination toxicology of copper, zinc, and cadmium in binary mixture: Concentration dependent antagonistic, nonaddive, and synergistic effects on root growth in Silene vulgaris[J]. Environ Toxicol Chem, 1999, 18 (2): 348 – 355.

[81] Shunde Health Bureau. Shunde mortality retrospective survey report of ma-lignant tumor during 1970—1979[R], 1981.

[82] Sinclair A J. Application of Probability Graphs in Mineral Exploration [M]. Richmond B C, Canada: Richmond Printers Ltd, 1976.

[83] Sipes I G, Badger D. Principles of toxicology[M] // Sullivan J B, Krieger G, eds. Clinical Environmental Health and Exposures. Philadelphia: Lippincott Williams and Wilkins, 2001.

[84] Smith K S, Huyck H L O. An overview of the abundance, relative mobility, bioavailability, and human toxicity of metals [M] // Plumlee G S, Logsdon M J, eds. The Environmental Geochemistry of Mineral Deposits. Part A: Processes, Techniques and Health Issues. Soc. Econ. Geol, 1999: 29 - 70.

[85] Sposito G. Apply Environmental Geochemisty [M]. London: Academic Press, 1983.

[86] State Development Center for Green-Food of China. NY/T391 - 2000 Environmental technical terms for green food production area[S].

[87] State Environmental Protection Administration of China. GB 15618 - 1995 Chinese environmental quality standard for soils [S].

[88] Stopford W, Turner J, Cappellini D, et al. Bioaccessibility testing of cobalt compounds[J]. Environ. Monit, 2003, 5: 675 - 680.

[89] Tandon M, KapilU, Bahadur S, et al. Role of micronutrients and trace elements in carcinoma of larynx, J Assoc Physicians India[J]. 2000, 48 : 995 - 998.

[90] Chen Tao, Liu Xingmei, Zhu Muzhi, et al. Identification of trace element sources and associated risk assessment in vegetable soils of the urbanerural transitional area of Hangzhou, China [J]. Environmental Pollution, 2007, 151 (1): 67 - 78.

[91] Trounova V A, Vazina A A, Lanina N F, et al. Correlation between element concentrations and X-ray diffraction patterns in hair[J]. X-Ray Spectrom, 2002, 31: 314 - 318.

[92] Trunova V, Parshina N, Kondratyev V. Determination of the distribution of trace elements in human hair as a function of the position on the head by SRXRF and TXRF[J]. Synchrotron Radiat, 2003, (10): 371 - 375.

[93] U. S. EPA (Environmental Protection Agency). Volume I-General Factors [R]. In exposure factors handbook. EPA-600-P-95-002Fa, Washington D C: EPA, 1997.

[94] U. S. EPA. Risk-based concentration table[R]. Washington D C: Philadelphia PA, 2000.

[95] Van Gosen B S. Reported historic asbestos mines, historic asbestos prospects, and natural asbestos occurrences in the Eastern United States[DB/OL]. US Geological Survey Open-File Report 2005 – 1189, 2005.

[96] Viard B, Pihan F, Promeyrat S, et al. Integrated assessment of heavy metal (Pb, Zn, Cd) highway pollution: Bioaccumulation in soil, Graminaceae and land snails[J]. Chemosphere. 2004, 55: 1349 – 1359.

[97] Wang D, Shi X, Wei S. Accumulation and transformation of atmospheric mercury in soil[J]. Science of the Total Environment, 2003, 304: 209 – 214.

[98] Wang G, Su M, Chen Y, et al. Transfer characteristics of cadmium and lead from soil to the edible parts of six vegetable species in southeastern China[J]. Environmental Pollution, 2006, 144: 127 – 135.

[99] Wang L, Su D Z, Wang Y F. Studies on the aluminium content in Chinese foods and the maximum permitted levels of aluminum in wheat flour products [J]. Biomedical and Environmental Sciences, 1994, 7: 91 – 99.

[100] Wang T, Fu J J, Wang Y W, et al. Use of scalp hair as indicator of human exposure to heavy metals in an electronic waste recycling area[J]. Environ Pollut, 2009, doi: 10. 1016/j. envpol. 2009. 03. 010.

[101] Webster R, Oliver M A. Geostatistics for Environmental Scientists[M]. Chichester: John Wiley & Sons Ltd, 2001.

[102] WHO. IARC monographs on the evaluation of carcinogenic risk to humans, overall evaluation of carcinogencity: an updating of IARC monographs[R]. Lyon: IARC, 1987.

[103] Wong C S C, Li X, Thornton I, et al. Urban environmental geochemistry of trace metals[J]. Environmental Pollution, 2006, 142 (1): 1 – 16.

[104] Wong S C, Lia X D, Zhang G, et al. Heavy metals in agricultural soils of the Pearl River Delta, South China [J]. Environmental Pollution, 2002, 119 (1): 33 – 44.

[105] World Health Organization (WHO). Evaluation of certain food additives and contaminants (41st Report of the Joint FAO/WHO Expert Committee on Food Additives) [R]. Geneva: World Health Organization, 1993.

[106] Yang G Y, Luo W, Zhang T B, et al. The distribution of Ni contents in

agricultural soils in the Pearl River Delta, China[J]. Ecology and Environment, 2007, 16 (3): 818 – 821.

[107] Zeng S Q, Liao H T. Material Cycle in Fish Pond-Dike System of the Pearl River Delta and Primary Liver Cancer[M]. Beijing: China Environmental Science Press, 1991.

[108] Zhang C S, Luo L, Xu W L, et al. Use of local Moran's I and GIS to identify pollution hotspots of Pb in urban soils of Galway, Ireland[J]. Sci Total Environ, 2008, 398 (1 – 3): 212 – 221.

[109] Zhang C S, McGrath D. Geostatistical and GIS analyses on soil organic carbon concentrations in grassland of southeastern Ireland from two different periods[J]. Geoderma, 2004, 119 (3 – 4): 261 – 275.

[110] Zhang C S, Tang Y, Luo L, et al. Outlier identification and visualization for Pb concentration in urban soils and its implications for identification of potential contaminated land[J]. Environ Pollut 2009, 157 (11): 3083 – 3090.

[111] Zhang C, McGrath D. Geostatistical and GIS analyses on soil organic carbon concentrations in grassland of southeastern Ireland from two different periods[J]. Geoderma, 2004, 119: 261 – 275.

[112] Zhuang P, Mcbride B M, et al. Health risk from heavy metals via consumption of food crops in the vicinity of Dabaoshan mine, South China [J]. Science of the Total Environment, 2009, 407 (5): 1551 – 1561.

[113] 蔡立梅, 马瑾, 周永章, 等. 珠江三角洲典型区农业土壤镍的空间结构及分布特征[J]. 中山大学学报 (自然科学版), 2008, 47 (4): 100 – 104.

[114] 陈怀满. 环境土壤学[M]. 北京: 科学出版社, 2005.

[115] 陈明, 冯流, Von J Y. 缓变型地球化学灾害: 概念、模型及案例研究 [J]. 中国科学 D 辑, 2005, 35 (增刊 I): 261 – 266.

[116] 陈涛, 施加春, 刘杏梅, 等. 杭州市城乡结合带蔬菜地土壤铅铜含量的时空变异研究[J]. 土壤学报, 2008, 45 (4): 608 – 615.

[117] 陈同斌, 宋波, 郑袁明, 等. 北京市菜地土壤和蔬菜铅含量及其健康风险评估[J]. 中国农业科学, 2006, 39 (8): 1589 – 1597.

[118] 崔玉静, 张旭红, 朱永官. 体外模拟法在土壤—人途径重金属污染的健康风险评价中的应用[J]. 环境与健康杂志, 2007, 24 (9): 672 – 674.

[119] 戴树桂，朱坦，曾幼生．天津市区采暖期飘尘来源的解析[J]．中国环境科学，1986，6（4）：24－30.

[120] 董成代，郭诗玫．五种抗癌中药冲剂中的微量元素及其对肿瘤的作用[J]．医药月刊，1991，（10）：4－5.

[121] 窦磊，马瑾，周永章，等．广东东莞地区土壤—蔬菜系统重金属分布与富集特性分析[J]．中山大学学报（自然科学版），2008，47（1）：98－102.

[122] 窦磊，周永章，高全洲，等．土壤环境中重金属生物有效性评价方法及其环境学意义[J]．土壤通报，2007，38（3）：576－583.

[123] 窦磊，周永章，李勇，等．珠江三角洲典型肝癌高发区土壤锰形态及其生态效应[J]．应用生态学报．2008，19（6）：1362－1368.

[124] 窦磊，周永章，马瑾，李勇，等．广东东莞地区土壤—蔬菜系统重金属分布与富集特性分析[J]．中山大学学报（自然科学版）．2008，47（1）：98－102.

[125] 窦磊．珠江三角洲典型肝癌高发区生态地球化学环境特征与人群健康关系研究——兼论原发性肝癌致病的可能环境地球化学因素[D]．广州：中山大学，2008，201.

[126] 范迪富，翁志华，金洋，等．江苏省溧水县土壤环境污染预警预测方法探讨[J]．江苏地质，2005，29（2）：88－93.

[127] 付万军，李勇，何翔．广州市郊区蔬菜中铅的含量特征及其健康风险评估[J]．农业环境科学学报，2010，29（5）：875－880.

[128] 龚平，李培军，孙铁珩．Cd、Zn、菲和多效唑复合污染土壤的微生物生态毒理效应[J]．中国环境科学，1997，17（2）：58－62.

[129] 国家环境保护局，国家技术监督局．土壤环境质量标准[S]．1995.

[130] 国家质量监督检验检疫总局．农产品安全质量无公害蔬菜安全要求[S]．2001.

[131] 何孟常．乐安河—鄱阳湖水域重金属污染评价及生态综合模型[D]．北京：中国科学院生态环境研究中心，1998.

[132] 胡卫民，郑星泉，洪琪．利用放射性核素示踪技术对镉及铬与毛发结合机制的研究[J]．中国预防医学杂志，2003，4（4）：253－257.

[133] 黄佩红，李健英．论顺德工业结构的改革与升级[J]．产业经济，2007：42－49.

[134] 黄佩红．顺德产业结构演变分析[J]．顺德职业技术学院学报，2007，5（4）：4－7.

［135］赖启宏，杜海燕，张忠进，等．珠江三角洲土壤汞高含量区的形成［J］．环境化学，2005，24（2）：219－220．

［136］黎丹戎，刘宗河，张振权，等．肝癌高发区居民饮用水质与肝癌病因研究［J］．中华预防医学杂志，1994，28（1）：24－26．

［137］李春生，王翊，庄大昌，等．经济发达城市经济增长与环境污染关系分析——以广州市经济增长与废水排放关系为例［J］．系统工程，2006，24（3）：63－66．

［138］李凡，赵华庭，黄海波．肝癌肺癌患者的头发分析［J］．生物医学工程学杂志，1996，13（1）：51－53．

［139］李念卿，潘根兴，张平究，等．太湖地区水稻土表层土壤10年尺度重金属元素积累速率的估计［J］．环境科学，2002，23（3）：119－123．

［140］李天杰．土壤环境学——土壤环境污染防治与土壤生态保护［M］．北京：高等教育出版社，1995．

［141］李学德，花日茂，岳永德，等．合肥市蔬菜中铬、铅、镉和铜污染现状评价［J］．安徽农业大学学报，2004，31（2）：143－147．

［142］李勇，赵志忠，周永章．珠江三角洲肝癌高发区人发重金属元素来源及其影响因子分析［J］．广东微量元素科学，2013，20（2）：1－10．

［143］李勇，周永章，窦磊，等．基于多元统计和傅立叶和谱分析的土壤重金属的来源解析及其风险评价［J］．地学前缘，2010，17（4）：253－261．

［144］李勇，周永章，窦磊，等．珠江三角洲平原广东省佛山市顺德区土壤—蔬菜系统中Pb的健康安全预测预警［J］．地质通报，2010，29（11）：1662－1676．

［145］李勇，周永章，张澄博，等．基于局部Moran's I和GIS的珠江三角洲肝癌高发区蔬菜土壤中Ni、Cr的空间热点分析［J］．环境科学，2010，31（6）：1617－1622．

［146］李勇．珠江三角洲土壤As和Hg的生态地球化学污染空间特征和风险管理［A］．第三次重金属污染防治及风险评价研讨会［C］．中国环境科学学会，2013，442－447．

［147］李增禧，梁业成，盛少禹．广东顺德肝癌病人及健康人头发中微量元素含量的测定［J］．广州医药，1985，（1）：42－46．

［148］李增禧，梁业成，盛少禹．顺德肝癌高发区的环境致癌因素研究［J］．环境与健康杂志，1986，3（1）：15－17．

[149] 梁春穗，李海．茶叶中铝的来源及溶解性研究[J]．现代预防医学，1996，23（4）：235－237．

[150] 廖金凤．工业对生态环境的影响——以广东顺德市为例[J]．生态科学，2000，19（2）：84－87．

[151] 林杰藩，赖启宏．广东省顺德肝癌多发区病因探讨[J]．物探与化探，2004，28（03）：268－269．

[152] 林亲铁，李适宇，厉红梅．基于生命周期分析的致癌排放物人体健康风险评价[J]．化工环保，2004，24（5）：367－371．

[153] 吕春平，李娟，吕冬梅．癌症病人头发中无机元素含量变化初探[J]．广东微量元素科学，1999，6（9）：26－28．

[154] 马文军，邓峰，许燕君，等．广东省居民膳食营养状况研究[J]．华南预防医学．2005，31（1）：1－5．

[155] 秦俊法，李增禧，梁东东．头发微量元素分析与疾病诊断[M]．郑州：郑州大学出版社，2003．

[156] 秦俊法．中国居民的头发铅、镉、砷、汞正常值上限[J]．广东微量元素科学，2004，11（4）：29－37．

[157] 秦文淑，邹晓锦，仇荣亮．广州市蔬菜重金属污染现状及对人体健康风险分析[J]．农业环境科学学报，2008，27（4）：1638－1642．

[158] 顺德县卫生局．顺德县1970—1979恶性肿瘤死亡回顾调查报告[R]．1981．

[159] 宋明义，刘军保，周涛发，等．杭州城市土壤重金属的化学形态及环境效应[J]．生态环境，2008，17（2）：666－670．

[160] 唐翔宇，朱永官，陈世宝．In Vitro法评估铅污染土壤对人体的生物有效性[J]．环境化学，2003，22（5）：503－506．

[161] 汪爱勤，杨继震，徐德忠，等．人发中7种微量元素与原发性肝癌关系的病例对照研究[J]．第四军医大学学报，1992，13（2）：103－105．

[162] 王世豪．顺德城市化的历史分析与可持续发展的现实选择[J]．中国人口·资源与环境，2002，12（4）：66－69．

[163] 王顺祥，张德立，魏经建，等．抗癌中药浸出液中微量元素的测定分析[J]．河南医学研究，1998，7（4）：296－299．

[164] 王铁宇，罗维，吕永龙，等．官厅水库周边土壤重金属空间变异特征及风险分析[J]．环境科学，2007，18（2）：225－231．

[165] 魏复盛，陈静生，吴燕玉，等．中国土壤元素背景值[M]．北京：中

国环境科学出版社，1990.

[166] 谢华，刘晓海，陈同斌，等. 大型古老锡矿影响区土壤和蔬菜重金属含量及其健康风险[J]. 环境科学，2008，29（12）：3503-3507.

[167] 修瑞琴，许永香，高世荣，等. 砷与镉、锌离子对斑马鱼的联合毒性实验[J]. 中国环境科学，1998，18（4）：349-352.

[168] 徐刚，王孟才，刘晶，等. 肝癌患者血清与头发中多种元素的临床流行病学研究[J]. 微量元素与健康研究，1996，13（4）：17-18.

[169] 杨定清，傅绍清，青长乐. 镍的作物效应及临界值研究[J]. 四川环境，1994，13（1）：19-23.

[170] 杨国义，罗薇，张天彬，等. 珠江三角洲典型区域农业土壤中镍的含量分布特征[J]. 生态环境，2007，16（3）：818-821.

[171] 杨忠芳，朱立，陈岳龙. 现代环境地球化学[M]. 北京：地质出版社，1999.

[172] 姚春霞，尹雪斌，宋静，等. 某金属冶炼厂周围居民人发的6种元素含量特征[J]. 环境科学，2008，29（5）：1376-1379.

[173] 叶如美，曹光辉，钱振育，等. 微量元素与肝癌关系的初步研究[J]. 临床肝胆病杂志，1991，7（1）：16-17.

[174] 袁峰，彭兆璇，邢怀学，等. 合肥大兴地区土壤Pb元素背景含量与污染叠加含量区分的Hazen概率曲线方法[J]. 土壤通报，2009，40（3）：656-659.

[175] 曾隆强，庞海岩. 不同生理期正常人发铅锌含量的分析[J]. 中华预防医学杂志，1996，30（4）：213-216.

[176] 曾水泉，廖洪涛. 珠江三角洲基塘系统物质循环与原发性肝癌[M]. 北京：中国环境科学出版社，1991.

[177] 张加玲，刘桂英. 人体铝摄入的主要来源研究[J]. 中国卫生检验杂志，2007，17（11）：1934-1936.

[178] 张丽，张兴昌. 蔬菜生长过程中水分、氮素、光照的互作效应[J]. 干旱地区农业研究，2003，21（1）：43-46.

[179] 郑宝山. 医学地质学——自然环境对公共健康的影响[M]. 北京：科学出版社，2009.

[180] 郑路，常江. 合肥市菜园蔬菜和土壤铅污染调查[J]. 环境污染与防治，1989，11（5）：33-35.

[181] 郑袁明，陈煌，陈同斌，等. 北京市土壤中Cr、Ni含量的空间结构与分布特征[J]. 第四纪研究，2003，23（4）：436-445.

[182] 郑袁明，陈同斌，陈煌，等．北京市不同土地利用方式下土壤铅的积累[J]．地理学报，2005，60（5）：791－797.

[183] 郑振华，周培疆，吴振斌．复合污染研究的新进展[J]．应用生态学报，2001，12（3）：469－473.

[184] 中国地质调查局．生态地球化学评价样品分析技术要求（试行）[S]．2005.

[185] 中国环境监测总站．中国土壤元素背景值[M]．北京：中国环境科学出版社，1990.

[186] 中国绿色食品发展中心．NY/T391－2000 绿色食品产地环境质量标准[S]．2000.

[187] 周建利，陈同斌．我国城郊菜地土壤和蔬菜重金属污染研究现状与展望[J]．湖北农学院学报，2002，22（5）：476－480.

[188] 周启星，程云，张倩茹等．复合污染生态毒理效应的定量关系分析[J]．中国科学（C辑），2003，33（6）：566－573.

[189] 周永章，沈文杰，李勇，等．基于通量模型的珠江三角洲经济区土壤重金属地球化学累积预测预警研究[J]．地球科学进展，2011，27（10）：1115－1125.

[190] 周永章．丰度的稳健分析[J]．科学通报，1989（17）：1357.

[191] 周永章．稳健丰度分析及丹池盆地上泥盆统元素丰度的意义[J]．地球化学，1990（2）：159－165.

[192] 朱石嶙，冯茜丹，党志．大气颗粒物中重金属的污染特性及生物有效性研究进展[J]．地球与环境，2008，36（1）：26－32.

[193] 朱永官，陈保冬，林爱军，等．珠江三角洲地区土壤重金属污染控制与修复研究的若干思考[J]．环境科学学报，2005，25（12）：1575－1579.